情绪双面镜

如何与负面情绪
和／平／共／处

仇爱玲

著

深圳出版社

图书在版编目（CIP）数据

情绪双面镜：如何与负面情绪和平共处 / 仇爱玲著.
深圳：深圳出版社，2025. 8. -- ISBN 978-7-5507
-4278-9

Ⅰ. B842.6-49

中国国家版本馆CIP数据核字第20254132N3号

情绪双面镜：如何与负面情绪和平共处
QINGXU SHUANGMIAN JING：RUHE YU FUMIAN QINGXU HEPING GONGCHU

责任编辑	靳红慧
特约策划	华文未来
责任校对	彭 佳 张丽珠
责任技编	郑 欢
封面设计	Design QQ:29203943

出版发行　深圳出版社
地　　址　深圳市彩田南路海天综合大厦（518033）
网　　址　www.htph.com.cn
订购电话　0755-83460239（邮购、团购）
设计制作　深圳市龙瀚文化传播有限公司 0755-33133493
印　　刷　深圳市华信图文印务有限公司
开　　本　787mm×1092mm　1/16
印　　张　14.25
字　　数　170千
版　　次　2025年8月第1版
印　　次　2025年8月第1次
定　　价　58.00元

序言
我们，还疼吗？

我们初学走路之际，总是步履蹒跚、踉踉跄跄，不是磕到脑门，就是撞到脚趾。我们可以毫无顾忌地哇哇大哭，以此释放信号：我受伤啦！我很疼！这时候，我们的长辈或许会匆匆赶来，安抚受伤的我们。在漫长的人生旅途中，生而为人的我们，从生命的伊始，一步步朝着未知前进时，也会和命运发生磕绊、摩擦，让我们很疼。这些"伤口"扎根在我们的心灵深处，相比外显的肉体伤口而言，它们更加隐蔽、钝痛。它们"隐蔽"得如此之深，以至于成了我们难以启齿的"矫情"。也正因为这些伤口藏在别人看不见的心底，所以很难有人与我们感同身受，更难以与我们共情。

面对这些隐匿在心灵深处的"羞耻"创伤，我们没有办法坦率地大哭，而是常用两种方式处理它们：一种是逃避，对它们视而不见。所以，我们会躲避一些人、事、物，也会封存一些情绪感受。另一种方法是战斗，我们会与这些创伤激烈地对抗、较劲，结果却是让人生陷入反刍、内耗。

　　翻开这本书时，温柔地问自己一句，那些灵魂深处的"伤"，是否还在让我们"隐隐作痛"？我们是否在背地里偷偷地舔舐它们，难以释怀？而此刻，在这本书中，我们不必再遮遮掩掩，我们可以完全地袒露它们，面对它们，探索它们，疗愈它们。

　　本书如同一本心灵"处方"，书中将这些创伤细致划分为三类。第一类为常见的心理创伤，它们是生命中不可避免的风雨。面对它们我们不用觉得羞愧，在书里我们会遇到许多相似的灵魂，与他们一同探索如何正确地为自己疗愈。第二类为人生不同阶段特有的阶段性心理问题。比如，青少年群体的叛逆、早恋、网瘾、疯狂追星、自我定位的迷茫、精神分裂等，成年群体的职场压力、面对新环境的适应问题等，老年群体的孤独以及价值感的丧失等。这些阶段性的挑战，让这些群体备受困扰，在这本书中，我们会探寻如何成为这些阶段中健康的一员，以及作为这些群体的身边人，如何陪伴他们面对这特别的人生阶段。第三类为我们如何识别、防止有人格障碍的个体对我们的伤害。在复杂的人生中，难免会遇到一些问题，本书将探寻如何保护自己，以及如何在受害后找到自我疗愈的力量，进行心灵重建。

　　本书的作者为心理咨询师，也是一位心理学硕士。在大量的来访案例中，她细腻地捕捉、总结并归纳出各类让我们难以自洽的"心灵之痛"，并结合典型的案例，来阐述如何让求助者进行心灵疗愈（案例中涉及隐私的信息，均已处理）。通过这些案例让"疗愈"的方法通俗易懂。在作者笔下，每一个求助者的故事都是一把心灵疗愈的钥匙。

　　本书根据"疗愈"方法的晦涩程度，采用不同的讲解方式。对通俗易懂的心理疗法采用"先理论阐述，后案例详解"；另一相对晦涩难懂的心理疗法，则"先引入案例示范，后进行理论归纳"。确保每一颗受伤的心，在这里都能觅得一寸柔软的慰藉，也确保每一个年龄阶段的我们，都能在这里探索到如何看待疼痛、如何在疼痛中成长。倘若我们身边有这些需要帮助的特殊群体，这本书也提供了与之相处的指南。在这里，我们的每一份"疼痛"都会有一个出口；在这里，每一个"伤口"都会有一个答案。

朱广思

2025 年 1 月

朱广思

心理学硕士，知乎2023百名青年创作家之一，国家三级心理咨询师，中国科普作协作者，中国心理学人才库丛书入库专家，北京妇联特邀专家，北京老年科技大学特邀讲师，国家开放大学特聘讲师。喜马拉雅心理学专辑《每天懂一点心理学定律》播放量突破4000万次。出版《心理学简史100年》等多本书。科普作品在中国科技馆、北京数字科学中心、新华社、科普中国等公众号发表，累计超过40万字。在《科学画报》《我们爱科学》《知识就是力量》《大众科学》等多家报纸杂志开设专栏，作品多次被新华社转载，应用于地方初中语文考卷中。《心理师手记》入选第五届"全民阅读奖"社科类十佳图书。

前言
今天你用对情绪了吗?

在人生旅程中,我们时常会感受到被冠以"负面"之名的情绪 —— 自责、焦虑、抑郁、痛苦、紧张、不甘心……在我们的认知中,它们如同悄然降临的阴霾,遮蔽我们心灵的晴空,让我们感到沉重与不安。然而,所有情绪都是本真自我的镜像投射,本书将站在镜像的另一面,寻找"负面情绪"内所蕴含的一些被忽略的积极力量,以另一个全新的视角解读这些"负面情绪"。

"负面情绪"是天生具有负面的本质吗,还是在传统认知中,我们赋予了它们这样沉重的标签?我们时常被不舒适情绪的波澜所困扰,那我们被情绪困扰的根源又是什么?一直以来,我们试图通过对抗、消灭"负面"情绪来"修正"自己的内心,从而获得平静。实际上,所有的"负面情绪"都是生命纹理的一部分,掀起"情绪风暴"的罪魁祸首也并不是"负面情绪"本身,而是另有"真凶"。那么"真凶"是谁?我们将在《情绪双面镜:如何与负面情绪和平共处》这本书中揭示答案。

此外，对困于情绪问题的个体而言，他们究竟是真的生病了，还是给自己定义了一场"心灵隐疾"？以及，我们又揣着哪些对"负面情绪"的错误认知，导致我们认为个体的"情绪问题"应该以大众期待的方式"生病"？真相是，情绪远比我们想象的要丰富多维，且具有个体差异性，它们并不会按照我们所谓的"合理"或"预期"的方式展现。

《情绪双面镜：如何与负面情绪和平共处》以一场特别的"情绪之旅"为路标，带领我们踏上一趟探索心灵奥秘的奇幻征程。沿途，我们将逐一揭开六大心灵风貌的神秘面纱。它们分别为自责的深渊、焦虑的迷雾、不甘心的烈焰、痛苦的旋涡、抑郁幽境、紧张的枷锁，直至抵达名为"情绪答案"的终结站。各个站点都从"知、情、意、行"四个维度作了深入剖析，运用脑科学知识、心理学知识对该情绪的产生机制进行解码，同时还提供了一系列类型化处理策略。在这趟旅程中，我们可以坐下来，不带评判地与"负面情绪"对话，倾听它们正以独特的方式，提醒我们内心的真实感受和需求。它们是信使的化身，引导我们走向更加成熟和丰盈的自我。

本书可以理解为一本情绪使用说明书，结合生动的案例和直观的思维导图，帮助我们更好地理解和应用这些策略，将不可控的"负面情绪"巧妙转化为一份积极的人生厚礼。

此刻，我们正携手并肩向一段关于情绪智慧与成长的旅程出发。本次的"情绪之旅"不执着于如何通过情绪的力量"成为更好"的我，而是去"更好地成为"那个"最真实的我"。它不是一次对自我的改造或重塑，它更像是一次温柔的回归，一次对自我本质的深刻理解和接纳。这，才是情绪力量最为纯粹与正确的使用之道！

目录

第一章 蚂蚁循环的怪圈 —— 过度自责

第一节　过错全包宴：难以下咽的"无私"　003

第二节　控制欲大魔王：自责是操纵手段　008

第三节　偷梁换柱：别让"自责"为你的"自私"买单　010

第四节　绵里藏针：自责是躲在人性里的"贪欲"　012

第五节　补偿行为的迷思："内疚"如何操控我们的行为　015

第六节　"念头重构"的艺术：巧妙化解"自责"情绪　017

第二章 人生的失控感 —— 焦虑

第一节　焦虑过山车：焦虑患者惊涛骇浪的世界　023

第二节　无处可逃的情绪：人人都有焦虑　025

第三节　焦虑障眼法："逃避"策略，是救赎之门还是沉沦之渊？　026

第四节　迷茫森林中的指南针："四象限"定位法　028

第五节　情绪孪生兄弟：焦虑与恐惧　030

第六节　混沌到明晰：将焦虑事件具象化　032

第七节　情绪引领下的错位：混淆现实与想象　034

第八节　想象与现实的迷宫：分辨与抉择的技巧　037

第九节　跨时空的疗愈之路：松弛人生焦虑　038

第十节　解析大脑双重系统：转变创伤焦虑　　　040

第十一节　焦虑是爱的礼物：爱意误解与重新定义　　　046

第十二节　重置"焦虑"程序：从负担到资源　　　049

第三章　失衡的天平 —— 不甘心

第一节　沉没成本的海市蜃楼：及时止损的智慧　　　055

第二节　损失厌恶的心理博弈：最优的取舍权宜　　　058

第三节　一致性心理效应：调适微妙的"平衡"　　　061

第四节　蔡加尼克效应的未完待续：结束亦是开始　　　063

第五节　真、假不甘心的辨识游戏：内心的诚实与对话　　　067

第六节　原地踏步的"不甘心"：利用 ABC 模式唤醒动力　　　073

第七节　月晕效应下的不甘心：明晰事件的真相　　　075

第八节　自我论证的圈套：辨析思维陷阱　　　082

第四章　吸引力旋涡"痛苦" —— 越"痛"越爱的秘密

第一节　"痛苦"的真相：你在主动寻找"痛苦"　　　089

第二节　痛苦的迷魂汤：痛苦使你更"轻松"　　　096

第三节　高浓度"关注"的诱惑：建立健康的人际联结　　　101

第四节　此刻，你正卖力地忙着"痛苦"　　　106

第五节　美化"痛苦"的误区：卸下苦难的粉饰　　　108

第五章　"摄魂怪"吞噬的灵魂 —— 抑郁

第一节　幽冥之境：体验抑郁者的真实世界　　　115

第二节　被"窃走"的记忆、认知与睡眠　　　117

第三节　下了"懒"蛊的身体，让人停滞不前的秘密　　　120

第四节　患抑郁症是因为太闲吗？不！他们可"忙"了　122

第五节　"摄魂怪"来了！谁是它的 VIP？　123

第六节　奇妙的关联：抑郁与文化程度的关系　133

第七节　抑郁机制的解码：类型化处理策略大全　142

第八节　抑郁逆行记：勇者之路有何风景？　156

第六章　束缚的枷锁 —— 紧张

第一节　"紧张"的真实感触：情感与躯体的紧缩　162

第二节　脑科学探索：为何排斥紧张　164

第三节　大脑机制解读：紧张源于大脑"误判"　165

第四节　当代年轻人特有的"紧张"　169

第五节　摇身一变：谁给"紧张"披上了时尚马甲？　176

第六节　紧张的聚光灯效应：被你虚拟的观众　177

第七节　两剂药方，有效缓解紧张　182

第八节　你不是紧张，你只是未找到心理优势　186

第九节　紧张的生理密码："热情"的肾上腺素　188

第七章　情绪的接纳与共处

第一节　接纳的艺术：邀请情绪来访　193

第二节　负面情绪的诉状：它们真的是负面的吗？　195

第三节　谁才是情绪问题的罪魁祸首？　198

第四节　情绪不能被管理，情绪只能被表达　200

后记　人、从、众　210

第 一 章

蚂蚁循环的怪圈——过度自责

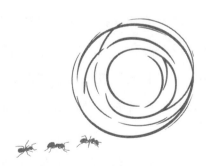

　　曾经在某个人生低谷时期，我经历了特别自责的时光，那是一段非常痛苦的日子，仿佛是置身于无垠黑暗的隧道里，我困顿地徘徊着，怎么也望不到尽头。我渴望一丝光亮的救赎，可所有的光早已被无尽的黑所吞噬……我想每个人也许都经历过类似的自责时光。在那段时光里，我们的大脑如齿轮般不停地运转："这一切都怪我，假若我能准备得更加周全，那次机遇或许就不会与我擦肩而过。""当初在这段感情中，如果我能表现得情绪更稳定一点、做得更体贴一点，我们就会走入婚姻的殿堂而取得圆满的结果。""如果当时我能……就会避免……"自责如同洪水猛兽冲击我们的心智，又像涓涓细流一样缓缓侵蚀我们的思维方式。

　　适度的自我反省像一面明镜，透过明镜我们能看见自己为人处世的"稚嫩"。在镜前细细打磨这份"稚嫩"，继续前行，我们会变得更加成熟更有担当。但倘若我们对"自省"这面明镜过度重视，将"自省"变成过度"自责"，就会攻击我们的自尊，摧毁我们正常的逻辑思维，将我们困于"镜像"中！

　　过度自责的心理历程，让我想起小时候在家门前见到的一番情景。下雨前，家门口总会出现一群蚂蚁转圈的奇怪景象：大量的蚂蚁聚集在一起，像是被无形的线牵引，绕成一个圆圈。领头的蚂蚁和最后一只首尾相连，形成一个闭环。整群蚂蚁就这么一圈一圈地爬行在没有终点的轨道上。

整个过程中没有一只蚂蚁突然惊醒、抬头，站出来打破这个循环。它们只是这样盲目地旋转下去，直至小小的身体耗尽体力。而"自责"也是一个无限内耗的心理循环，会让我们像转圈的蚂蚁，直到精疲力竭。所以，习惯于反刍思维的人有时候明明什么也没做，却总是觉得提不起劲。毕竟反刍的过程、循环的大脑风暴，早已将我们的能量消耗殆尽。

我将这种漫无目的、毫无意义的死循环称为"蚂蚁循环的怪圈"。曾经的我试图冲破这个怪圈，像冲破枷锁一般获得心灵的释放。如果你也深陷自责的泥潭难以自拔，我愿与你并肩，深入这"循环的怪圈"，共同探索破解之径。

第一节　过错全包宴：难以下咽的"无私"

在人生的宴席上，"有责任、有担当"的那部分人，往往会不自觉地扮演起"全能自责大厨"，将一桌名为"过错全包"的盛宴准备齐全。从"全是我的错"作为前菜开场，到"我主导了整件事向偏差的发展"作为压轴大戏，无不渗透着一种过度承担、过度内省的自我牺牲色彩。如果我们亲手为自己贴上"所有祸源都因我所起""一切皆由我所控"的标签，便会陷入一个巨大而空洞的死循环。过去的种种过失会被反复挖掘出来"细嚼慢咽"，每一次对细枝末节的回顾，都将再次加重我们自责的心理。是时候结束这场无休止的自我审判宴席了！

任何不良事件的发展，至少由三个部分构成：自己、他人、环境。三者共同构筑了事件的全貌。因此，我们不需要如此"无私"地承担所有过错。面对任何事态，理性而谦逊的认知是，我们仅承担其中三分之一的责任。

在失败的经历中，"自己的层面"确实对一件事情做出了不当的行为，这些行为通常是我们过往的经验、认知水平等因素所致。没错，这些是我们的过错范围。然而，深陷自责的我们可能忽略其他的环节——对方在这个事件中也做出了相应的行为。而对方的行为又会刺激我们的情绪，从而再次激发我们的新行为。这是一个相互作用的过程，一个糟糕的"雪球"是在彼此的推搡中才越滚越大。

所以，整个事态正确的发展逻辑是：

1. 我通过我的行为→推动这个事件的发展。

2. 对方通过他的行为→推动事情的发展。

看吧，我们并不是这个事件的唯一主角，那些过分自责的人，只不过在唱"无私奉献"的独角戏。"全是我的错"不过是一叶障目的行为。

> **我们的行为 + 对方的行为 = 事态的后果**

认清真相并非易事，因为我们会不断地受到外界繁杂信息的干扰。譬如，恋爱中对方会告诉我们："都是因为你无理取闹，所以我们才没有将来。"试图牵引我们的思绪偏离正轨。这时候的我们不能再陷入思维怪圈，我们可以静下心来仔细想想：真的只是我们无理取闹吗？我们"无理取闹"的根源是什么？我们"无理取闹"的行为有哪些？深入思考后则会发现，事情的缘由可能是对方和异性没有边界感，或者某些行为让我们愤怒，才致使我们"又哭又闹"。

我们"闹"的行为有：哭泣、嘶吼、扔东西等等。这些行为是由于内部的情绪无法排解而诱发的对外发泄，这只是愤怒的外在表现罢了。这是一个环环相扣的过程，这些无理取闹的行为可能是在表达："我被伤害了，我很受伤，所以我愤怒。"

又比如，分手的一方会以责备的口吻道出："我们分手的根源，是因为你太黏人，让我没有空间。"不要听信这等完全归咎于我们的言辞，认真想想，也许是对方长时间的疏离与关怀的缺失，让我们感到无助和心寒。面对渐渐熄灭的爱意火苗，我们不过是本能地伸出双手，向对方索取爱意，企图为爱的火苗增加互动的柴火。黏人的背后是我们渴望被对方关注的需求：我需要你，我渴望你的关注！

因为工作而自责的情绪也是如此。当领导大声责怪"都是因为你，团队才没法按时完成这个项目，导致失败的结果！你得为所有人负责"时，我们同样需要重新审视整个工作过程，上司分配的工作量是否超出我们能承受的负荷？他又是否为我们配备了足够的人手和资源？我们是否适时地向管理层表达了需要调整的请求？或者是否由于上司长期的高压形象，营造了不敢发声的文化氛围，使我们不敢提出合理诉求？

　　当我们收拾好情绪，准备逃离这个束缚人心的怪圈时，总会有外界元素干扰我们，一次次将我们重新拉回过度自责的怪圈。如果我们不想成为无头脑转圈的"蚂蚁"，在无尽的自我责备中徘徊，就需有一双洞若观火的"慧眼"，穿透重重迷雾，看透这些企图将所有责任归于我们的干扰项。

　　事态向不利的方向发展，除了自身和对方的因素外，还有一个十分重要的因素：环境因素。譬如：在房地产市场普遍下滑的宏观背景下，房价下跌，就不要过度苛责自己没有良好的投资眼光；恋爱失败，有时候也只是因为我们的出场顺序不合适，或许我们出现的时间并不是对方迫切想要结婚的时刻。因此对方对伴侣的容忍度和长期选择的内驱力更低。假若时机转换，两人的故事或许将拥有截然不同的结局。

　　这些，皆是"外部因素"无形之手的安排。我们在某个特定年龄阶段所作的选择，或许在后来的视角里显得不尽如人意，但那是基于当时的环境、那个阶段的个体所能做出的决策。而这些"时间和空间"的外在因素，超出了我们的掌控范畴。这就是生活最奇妙的地方，它让我们置身于一系列不能人为控制的场景中，即人们常感叹的背景因素"当时那个年代""当时那个年龄"……正是这些非人为可控制的元素，才形成了每个人独一无二的成长轨迹。

　　所以真相是：

> **我们的行为 + 对方的行为 + 环境的影响 = 整件事情的发展**

　　既然还原了事件的真相，现在再来看看，这三个维度中，我们能控制哪一部分呢？整个事态发展过程中，我们能控制的可能只有——"自己的行为"。

　　对方是独立的个体，我们无法按照自己的意志，操控对方的思想和行为。即使时间倒流，我们有机会对自己曾经的某个行为作出修正，也同样不能预见并操控对方随之而变的反馈。对方的反馈根植于对方的认知、经验。也就是说，即使我们改变了当初的行为，对方的回应可能是有利的，也可能是不利的，这着实是难以预料的因素。

　　其实，我们真正妄想的不只是改变自己过去的行为，也期望对方给予理想的反馈，但这是无稽之谈。那意味着我们得改变对方的认知、成长经历、所处环境等，无疑是要推翻对方的人生，而这显然是不可能完成的。

　　另外，我们更不能改变整个环境因素，而很多结果是基于那个时间、空间而发生的。我们可以把它理解成命运的游戏。下面以一个常见的桥段为例，来理解环境因素的不可控性。

　　案例：男主人公和女主人公，因相爱而走到一起，却因为彼此不够成熟而遗憾地分道扬镳，在那个时空里的男孩没有阅历洞悉女孩渴望的关心、照顾，只是一味认为女方"事多"。而那个时空的女孩，也没有足够的温柔和成熟去容纳一颗拼搏炽热的心，仅是埋怨对方陪伴不足。后来的他们重逢，双方已经拥有了更完整丰盈的人格，也更能理解彼此的需求，但分岔的路口却没法再次重合。

　　案例中的男女主人公因时空这个不可控的外在因素而留有遗憾。但是他们也不必过多责备自己，毕竟那个时空的他们都正值年少，尚不具备足够的处理能力。

　　因此，我们没有必要画地为牢地自责，走出牢笼看看，我们只是影响整个事件走向的三分之一的因素，仅仅能对事态的发展产生三分之一的影响力，而我们能把控的自然也只是那三分之一而已。别让自己背上太沉重的包袱，以三分之一的身躯承受整个事件的重量，只会让我们难以在今后的人生里轻盈前行。

第二节　控制欲大魔王：自责是操纵手段

　　通过对前面三个因素的分析，我们可以看到个人层面只是整个事件的一个组成部分。但过度自责的人却倾向于包揽所有的错误，仿佛认为自己可以控制整个局面：只要做好一点，就能扭转乾坤。如果承认自己无须为所有错误买单，是不是就意味着自己失去了对事件的主导权？事实上，沉溺于"自责"的状态，可能是权力欲望的微妙投射。

　　失去对整个事件的主导权会使"权力渴望者"感到非常不安！"自责"何尝不是一种控制欲的"权力魔杖"象征？

　　如果让部分人承认，即使他们努力奋斗也注定会失败。那种对事态发展失去控制的感觉，似乎让人更加难以接受。如果他们当初的所有选择都足够正确，所有行为都已经竭尽全力，却依然没有达到成功的彼岸，简直就是信仰的再次崩塌！毕竟，相较于被动接受不可抗力命运所带来的无力感，承认只是自己做得"不够好"，更能提供一种自我安慰的错觉 —— 一切是自己犯了错误，只要当初没有犯错，就一定能成功。自欺欺人的"自责"掩饰着他们脆弱的控制欲，自责成了掌控欲的救赎。

案例：A 是某中型科技公司的产品经理，负责主导一款创新社交 APP 的开发项目，在项目临近 Beta 测试阶段时，由于与主流操作系统存在严重的兼容性问题，演示失败，A 展示出了强烈的自责与"担当"。夜深人静时，A 总是辗转反侧。A 的过度自责掩盖了内心的另一番挣扎，如果这次失败并非单纯由"失误"造成，而是项目本身在市场定位、技术可行性等方面就存在根本性缺陷，那么这将是对他个人职业生涯的一次重大打击。

在这个例子中，"自责"实则是一种控制权杖。如果团队带领者必须承认即使没有"失误"，这也是一个失败的项目，无疑是对他"权威"的挑战，对他多年来的所有成绩的质疑：他竟然不能驾驭他熟知的行业。这种假设无疑是更加残酷的。所以，他必须设想如果当初做得更好，结局就会完美。否则他失去的不只是这个项目，还有他在行业里的那份自信。在他的眼里，树上的"果实"是存在的，只是获取的道路不够正确而已，如果连这份"果实"都是虚无的，那连望梅止渴的机会都没有了！

这种控制欲催生的自责，只是在舞台上抢戏的演员，人们沉浸在自己打造的舞台里，上演"我能控制整个剧本"的戏码。失去对客观事实的辨别，也让人们失去了与整个人生舞台的真实联结。不如让我们后退一步，放松心态，当一位观众，坐在台下，看看这些曾在自己人生的舞台上发生的故事，找寻其中的真相。

第三节　偷梁换柱：别让"自责"为你的"自私"买单

为什么说过度自责也是一种隐性的"自私"？我们看看下面的例子。

案例：有一对恋人，因为男孩的原因，他们分道扬镳。后来，男孩找到女孩忏悔，责怪自己不懂得珍惜。男孩一次次声泪俱下地表达着自己的自责与懊恼，让周遭的人都觉得男孩是懂得自省的"深情"男人。可是，随着时间的推移，男孩因为过度"自责"而无法正常生活和工作，甚至频繁前往女孩的住所和单位一次次表达悔恨反思，给女孩带来了很大的困扰。

在这个故事里，男孩看似深陷自责之中，实则是在自私地索取，只为重新得到女孩的芳心。可能男孩自己也没意识到，他的痛苦只是为了一己私欲。扒下他自责的伪装，我们会发现他的"自责"里隐含了一些信息：

"你看我都深刻反思了，为什么不再给我一次机会？"

"我一直这样折磨自己，你应该会心软的吧？"

"我这么惩罚自己，会让你感到愧疚，从而对我妥协。"

此时，自责已然变成为达目的而控制女孩的一种手段。

周围的看客也会因为这份真挚的反省而感动，纷纷以"人非圣贤，孰能无过，知错能改，善莫大焉"规劝女孩："遇到这么有诚意的男孩，就原谅他吧。"这时的自责已经悄然成为制造舆论的一种工具，对女孩形成了道德绑架。

随着事情的发展，女孩仍然不同意和好。男孩情绪骤然失控："为什么你会这么狠心？""你怎么能这样对我？不就一点错误，至于吗？""为何你不念旧情？冷漠至极的坏女孩！"这时候的自责则是男孩泄愤的途径。

当然，这一切的发展可能并不是男孩有意识的操作。男孩可能也曾深陷痛苦和愤怒的泥沼，但狡猾的"自私"在"自责"的皮囊下躲得严严实实，他自己也未曾察觉。一个真正成熟且有担当的人，能够合理地自我反省，同时尊重他人。而以"自私"伪装的"自责"最大的特点在于：以一种不顾及他人利益的方式表达自省。如同一面扭曲的镜子，让人只能看见自己，却看不到周遭。

沉浸在自我反思伪命题里的自责，不仅会给他人带来负担，也会让周围的人痛苦，是利己主义的典型表现。那么，如何觉察我们和周围的人是否陷入了伪"自责"呢？以下几个角度或许对我们有帮助：

其一，要有意识地观察我们自责的时长，给反省设定一个"窗口期"；

其二，审视我们表达自责的方式是否有边界感？范围是否合理？

其三，调整失误时，应以达成双方的诉求为目的，而不是仅仅以自己的目的为标准。

从深度上看，伤害自己的自责是过度自责心理；从广度上看，干扰到他人的自责也是一种过度自责心理。

第四节　绵里藏针：自责是躲在人性里的"贪欲"

> 我们凝视着脚下的路，回忆起未踏足之径。
>
> 彼端似乎花团锦簇，而脚下的路更显暗淡。
>
> 自责初时抉择的莽鲁，人生旅途思之踌躇。

其实，看上去"繁花似锦"的未选之路，何尝不是一场缥缈梦境？是因为我们贪恋着尚未涉足的人生分支，才给自己打造了懊恼与遗憾的后花园罢了。我们来看看下面这个因欲望而导致悔恨的案例。

案例： 财务专业的 B 在毕业后，面临着两条职业路径：一是携手合伙人，共同创立一家财务公司，这虽能让"初出茅庐不怕虎"的她释放一腔热血，却伴随着较高的风险与不确定性；二是踏入一家大型国企的大门，享受稳定的薪酬，但可能面临工作内容单调的困扰。鉴于对稳定收入的向往，以及国企岗位来之不易，B 最终选择了国企，步入了"朝九晚五"的行列。

多年后，一次偶然的机会，B 与昔日同窗重逢，目睹对方已建立起自己的会计师事务所，不仅时间自由，人脉资源也十分丰富，B 心中不禁生出一丝羡慕之情。反观自己，仍在国企中按部就班地处理财务工作。

试想一下，如果 B 当初踏上了创业之路，结果又将如何？以她性格中对稳定性的偏好来看，未必真的能够扛下创业路上的重重风险，承受市场的波动，最后可能仍然回到按部就班的企业任职。

实际上，人生无论选择哪条路，未走的那条路总会成为心头的一颗"朱砂痣"。然而，当初真的选择了那条"朱砂痣"之路，随着时间的流逝，它也可能逐渐褪色，变成寻常生活中的一抹"蚊子血"。

真相是，我们人生的每一次选择皆是性格使然。譬如，案例中 B 的性情倾向于安定与稳妥，自然引导她步入一条更为从众的轨迹，获得安稳的工作。而 B 放弃的那条激流勇进的人生道路，尽管充满诱惑，但面对不确定性时，追求安稳的 B 注定不会坐上通往激流人生的皮划艇……

很多年前，有部名为《爱情公寓》的热播剧，其中有一集叫《没有如果》，就演绎了类似的情节。获取博士学位的胡一菲，在生活里总是抱怨读博后薪水不如意，幻想自己当初毕业后直接工作，那一定是超级白领。命运如她所愿发生转变，然而，另一个时空里，成为白领的她却无法承受市场的动荡，转而攻读博士，绕回了原来的人生轨迹。爱情场上总是笨拙的陆展博，憧憬年轻的自己早已学会了"拈花惹草"的技能。当命运重启后，他梦想成真，但却因为不堪姑娘的骚扰，选择回归书海，又变成了书呆子。至于笨蛋美人陈美嘉——那个遇人不淑的女孩，她最大的后悔在于和打肿脸充胖子的渣男——吕子乔相识。如果能重来，陈美嘉一定会选择嫁给有钱人，成为阔太太。命运同样赠予陈美嘉一次重来的机会，可是成为阔太太的陈美嘉因为丈夫整天忙于事业，满足不了她渴望的情绪价值，寂寞难耐，最终还是撞上了油腔滑调的吕子乔。

剧中其他人也是如此……他们本以为可以过上另一种人生，最后却都因为种种巧合回到原点，再次聚到了一起。人们往往因为对现状的不满意，就寄托于命运抉择里的另一个"我"，另一个"我"如一坛美酒让人醉在幻境里。我们再来看看下面这个例子。

案例： 小C与丈夫原本在小城市生活，各自拥有一份体制内的工作。但小C按捺不住满腔的热血与憧憬，不愿围于一眼望到头的小日子。于是小C说服丈夫一同辞掉工作，前往充满机遇的新一线城市。小C才能出众，多年后跻身于一家公司的管理层。可是为了能在一线城市立足，一奋斗就是十来年，小C错过了最佳生育年龄，再加上这么多年来高强度的工作和日夜颠倒的作息，让她无法成为一位母亲。夜深人静的时候，小C常常自责，觉得自己的选择没有考虑周全。

我们设想一下，小C当初没有选择前往新一线城市，而是继续留在老家生活。她可能现在正洗着碗碟、哄着孩子，从厨房的小窗望向天空，叹息自己未能施展抱负。那条没有踏上的人生道路同样变成了小C心头的"白月光"。

其实一味地"自责"就是"贪心"，贪恋那些无数选择中可能有最优的选项。而生活恰恰是利用了我们这份贪念，制造一场又一场逃不掉的"自责"梦境。我们深陷美好的梦里，却忽略了自己隐隐作祟的贪欲。

我们可以尝试对总是自责的事进行抽丝剥茧，不难发现里面暗藏着不甘心。我们对容易陷入自责情绪的人进行剖析，会发现这类人往往心气更高，更趋于完美主义。一旦不尽如人意，落差将使他们陷入自责的情绪里。尝试着调整心气，放下贪欲，不苛责自己，不悔选择，释怀那份对完美的不懈追求，不着迷于未知路途的风景，只坚定于已选择的道路，是打破梦境的重要一步。

第五节　补偿行为的迷思："内疚"如何操控我们的行为

我们对自己过度苛责时，会滋生出一种内疚感。认为是我们带来的问题，所以我们对他人抱有歉意。这种惭愧和歉意会让我们感觉非常不舒服，我们希望能通过某些行为去替代给他人带来的不舒服体验，以此获得安心。这种内疚感像一张皱皱巴巴的纸，我们不得不通过一些方式将它抚平。所以，这种过度自责带来的"内疚感"很可能让我们做出不理智的补偿行为。"内疚感"在我们的心上捆了无数根橡皮筋，每做一次补偿行为，捆着的橡皮筋就少掉一根，心就会松懈一些。

案例：D 的父母迫于生计，常年外出工作，疏忽了对子女的关爱，他们对缺失子女的成长过程非常自责，因此给予 D 更多的物质补偿。成年后的 D 爱慕虚荣，消费水平经常超出自己的能力范围。父母认为 D 的这一切行为都是他们一手造成的，是因为他们缺乏对 D 的陪伴和引导，D 才会在物质上有过度需求。为缓解这种亏欠感，父母每月都为 D 的信用卡买单。

显而易见，案例中的父母在"内疚感"的促使下，对成年的 D 做出了过度补偿之举。父母寄希望于用金钱补偿缺失的陪伴，这并不是理智的行为。小时候玩过拼图的人都知道，每一片拼图都有其独特的位置，不是每一块拼图碎片都适合空缺的位置，错位的补偿行为也是如此。

在生活中我们也能看到，自责的那一方，往往会对另一方做出更多的补偿，比如：承担更多的家务、付出大量的金钱以及情感慰藉等。这是因为当我们对某个人、某件事做得不足时，我们会产生一些内在驱动：我们觉得违背了道德感和认知里的那个"我"，不被那个标准里的"我"所认可，这让我们感觉不适；自身行为导致的不良后果，让我们看到给别人带来了损失，这种感觉让我们觉得欠着别人什么，心底似乎有个"窟窿"，这份亏欠的窟窿需要我们通过行动、物质、情感等去填补。这样才能解脱和释怀。

过度的补偿行为是自责埋下的陷阱。自责原本是一种同理心，是有担当的表现，是我们能意识到自己对他人利益的损害，是我们生而为人柔软的部分，一旦被有心之人利用，我们就会为其过度买单。不妨给我们的那份柔软的"同理心"穿上铠甲，学会划清边界、设立补偿底线，这是我们防止过度补偿的防护服。

此外，若想不被"内疚"牵着鼻子走，不被整段关系中的"强者"所控制（这里的"强者"不是通俗意义上那些拥有更强壮体格、更多财富、更高社会地位的强者，而是一场关系中更占心理优势的强者），那就要拥有稳定的内核，有时候"自责—补偿"是一场心理博弈，一方会揪着错误不放，打压过错方的自尊，达到榨取过错方价值的目的。有效的补偿是，我们愿意采取措施，而对方也能看到我们修补缺口的真诚，双方愿意尝试着一同努力，达成和解，警惕自责导致的过度内疚行为。

值得一提的是，不是所有的自责都是内疚。"自责"和"内疚"的区别是：合理的自责是对"外界"的情感体验，而内疚则是"对内"的情感体验。

自责的解读是：I made a mistake. 我犯了某种错误。

内疚的解读是：I am a mistake. 我是个错误。

所以，过度内疚会诱发不理智行为，甚至会导致抑郁。当然，我们在这里讨论的只是对内攻击自我的过度自责。

第六节　"念头重构"的艺术：巧妙化解"自责"情绪

这里有一个不错的方法，能帮助我们摆脱过度自责的牢笼：尝试一下思维的小转折，将内心的情绪感受指向进行一次温柔的调整。

当脑海中再次出现"我把这件事情搞砸了"的沉重念头时，我们不妨勇敢地将其重构为"这件事情，被搞砸了"。这种视角的转换，会让我们从主观的自我攻击视角转换成客观的观察视角。我们的身份也从"过错方"变成"观察方"，促使我们以一种更为包容和全面的态度去看待自己的行为。

"我把这件事情搞砸了。"——这句话的主语是"我"。那我就是这件事的承担者，所以，我难以释怀，我不可以被原谅。

"这件事情，被搞砸了。"——主语则是"这件事"本身。那责任不再单一指向某一方，而是所有的事件的涉及方都需要共同为这件事买单。

我们来练习一下，如何运用"念头重构"的方法。

案例：想象一下，你正面临一个职场的挑战——负责一个至关重要的项目，但在最后关头，由于一些未曾预料到的技术障碍，项目未能如期完成。那一刻，你的内心充满了"我把这个项目彻底搞砸了"的声音，自责的重担压得你抬不起头。

让我们尝试一下"念头重构"。深呼吸，将注意力集中在"这件事"上，而非仅仅聚焦于"我"。我们可以这样重构念头："这个项目，它遭遇了难以预判的技术难题，从而失败了。"或者只是简单地重构为："这个项目，搞砸了。"这一简单的重构，就把重心放在了"这个项目"上，而不是"我"。

案例中的方法，或许能让一个独自背负失败重压的个体，开始全面思考：技术的局限性、团队间的沟通效率、外部环境的变化……每一个因素都可能对项目的成功与否产生影响，同时，我们也能更加客观地总结失败的教训。

"重构念头"的技巧，不仅能够让我们在情感上得到解脱，也更利于认识的全面化和认知的多元化。我们在日常生活中多练习这种技巧，或许会有意想不到的收获。

我们的思维就像是一个万花筒，轻轻转动一个角度，说不定能看到更绚丽的色彩。"重构念头"的方法便是如此，事件没有发生任何变化，变化的只是我们看待它的视角，只是一种思维方式。倘若我们能换个新的方式和"自责"这只攻击心智的巨兽相处，它可能会化身为一只温顺可爱的小狗，与我们和平共处。如此一来，往后的日子自然会轻松很多。

● ● ● 情绪之旅·体验心得 ● ● ●

如前文所述，"自责"是一个无限循环的怪圈，蚂蚁的宿命是没有思考地转圈直至死亡，那么我们呢？漫长的人生里，我们是愿意打破怪圈的束缚，使心灵舒展，让人生路越走越宽，还是愿意疲惫不堪地跟随蚂蚁的脚步，让人生在原地打转？相信耐心阅读此章节后，答案早就在我们的心里。

情绪收纳盒

在这次的情绪旅程中，我们试探着将"过度自责"的心理一层层剥离，尝试将原地转圈的弧线，延展为广阔的人生长度。这些剥开的"自责"怪圈以及与其对应的处理方法分别收纳如下：

一、"自责"情绪根植于深层的"自恋"倾向。

处理方法："三分之一"责任承担原则。即：将事态发展视为"自己、他人、环境"三方合力的结果，我们只应承担其中三分之一的责任。

二、"自责"是"控制欲"在作祟。

处理方法：（1）识别表演型自责，拒绝被操控。（2）接纳失败，接受不完美是生活的常态。

三、"自责"是对未选择的人生途径的贪恋、幻想。

处理方法：专注于当下的选择与成长。

四、"自责"导致的过度补偿行为。

处理方法：（1）明确补偿边界。（2）设立合理的补偿窗口期。

第 二 章

人生的失控感——焦虑

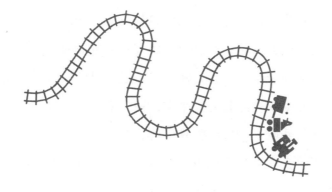

很多年前，我和朋友们自驾去川藏游玩。途中，朋友们一时兴起，让我尝试驾驶一段川藏线险路。当时，我的驾驶经验仅限于日常的通勤，这是我第一次行驶在如此崎岖的路上。那是一条盘绕于险峻山间的道路，狭窄的小道挂在石壁上，道路的一侧是石壁，高耸而硬朗；另一侧则是没有防护的悬崖，深邃而可怕，令人心悸。

我紧紧握住方向盘。十指用力过度，导致血液不畅而发白，不安与恐惧汇聚在这方寸之内。我感觉车辆像暴风雨中在大海上迷失了方向的船只，失去了掌控。满是碎石的路面让方向盘难以稳定操控，陡峭的坡道也让我难以控制车速，不停盘绕的线路更是让我无法掌控车身。

我大声向朋友求助，我没办法控制车辆，能否立刻停车换人！但得到的回答是，此时停车换人只会更加凶险。一旦在狭窄的悬崖路上停车，后方视线盲区里随时可能出现其他车辆。这时候如果再遇到对向来车，则需要错车通行，情势就会更棘手。我唯一的办法就是硬着头皮快速通过。我至今仍然记得那种几乎要将我淹没，但又必须保持清醒的恐惧和焦虑。那一刻车子不再是便捷的出行工具，而是一个巨大而笨重的大型器械。这个笨重的器械将我塞进它的身体里，而我根本无法控制它，感觉我就要完蛋了！

这只是旅途的一个插曲，一段在记忆里可以随时"暂停"和"播放"的片段。但这种失去控制和把握的感觉如果不是针对这辆车，而是整个人生，那将是何等漫长且焦灼的煎熬？事实上，我也曾经历过这种人生失控时刻，那是一场突发的健康、家庭、工作的多重变故。在那段时间，我进行了 SAS 测评，得分远超 70 分，被确诊为重度焦虑症患者。

我人生第一次被焦虑感重拳袭击。"袭击"这个词语非常准确，因为情绪会化作一股强大的力量重重撞击你。这种击打非常迅猛。我本想用"浪潮"来形容这种情绪带来的感受，但后来觉得"海啸"更为贴切。如果你对从"轻度—重度"焦虑间个体内心世界的变迁充满好奇，那就让我们一同窥探那深不见底的焦虑深渊吧！

第一节 焦虑过山车：焦虑患者惊涛骇浪的世界

轻度焦虑：我们会因为"着急"而手心冒汗，像是置身于临进考场前还在背最后几页书的情景。我们持续不断地感到烦躁不安，那种"烦躁感"像秋天要皲裂的嘴唇，越试图舔舐安抚，却越发干燥。

中度焦虑：随着焦虑程度加深，肌肉开始不自觉地收缩。即使不吞咽，我们的喉咙也会发紧，伴有异物感。此外，胸腔时而像被一块石头压着，时而又像塞着一团棉絮，绵密得让我们呼吸不畅。接下来开始手抖、后背发麻，这种发麻感像藤蔓一样，沿着脊柱爬到头顶。我们会开始彻夜难眠，躺在床上眼睁睁看着黎明的光线一点点从窗帘缝隙里爬进来。我们的眼睛明明干涩而疲惫，但神经却很紧绷。

我们不得不从床上起来，用手抠着某件物品，试图以此抚平情绪。但情绪的风暴却愈演愈烈，仿佛将要充满自己的躯体。我们很焦急但身体却难以行动，判断力下降，工作能力减退。

重度焦虑：当焦虑发展至重度时，心脏仿佛超负荷运作的火车，"哐哧、哐哧"地乱了节拍。我们甚至怀疑自己正在遭受致命的"心脏病"，与此相随的是眩晕、恶心、呕吐。

更令人窒息的是，焦虑症还会导致"惊恐发作"，忽然之间我们像是被压入千米深的海底，重重的水压让人透不过气，不得不大口喘息。一种濒死感向我们袭来，让人感到惊慌恐惧！并且这种溺水感会出现在每个清晨里，换而言之，重度焦虑症患者每天醒来都好似在漫过鼻腔的水中挣扎。严重的"焦虑"让患者无法正常思考、判断，更难以决断，或者即使作出决断也会反反复复地摇摆。

在焦虑的世界里，我们不仅无法控制我们的情绪、我们的思维，也无法控制我们的身体。人生进入一种失控的状态，"情绪"就像我们紧握着方向盘却无法操控的"车辆"，一路脱轨地狂奔在人生之途里。

第二节　无处可逃的情绪：人人都有焦虑

以上就是由轻及重的"焦虑"带给我们的感受，这是焦虑病态的世界。是否看起来非常不可思议？但事实上，"焦虑"离我们并不遥远，在一生中我们会体验各种不同程度的焦虑。

比如，学生时期，在充满欢声笑语的暑假里，我们完全忘了家庭作业，从头到尾都在快乐地玩耍。当开学的钟声隐约可闻时，一书包的假期作业，变成了一书包的焦虑，我们"挑灯夜战"，急得直哭。我们感受到作业的量超过了可以控制的范围，我们对剩余时间和作业量的分配失去了掌控感。

再比如，考场上，我们快速扫了一下卷面，发现有些不太擅长的题目。于是选择先易后难，从更容易上手的题目做起。但随着考试接近尾声，看着不擅长的空白题，我们心跳加快，难以集中精力思考。这就是焦虑带来的失控感。

步入职场，领导要求我们下午六点前提交一份复杂的材料。为了短暂地逃避，我们便优先处理其他更简单的工作。但在做那些简单的任务时，内心也并不轻松，因为我们会不时惦记着那份难处理的材料。这种惦记随着时间的流逝让人越来越烦躁。似乎什么东西正在逼近，但又说不上究竟是什么东西，我们便开始焦虑。

这些都是最常见的焦虑情形，而人生的旅途中还会有亲人离世、突然失去伴侣、丢掉工作引发的焦虑以及人到中年的年龄焦虑等等。这些不同程度的事情，诱发我们不同程度的焦虑。如果人生是一匹色彩斑斓的布，"焦虑"也会编织在这匹布的一丝一缕里。是的，它无处不在。

在焦虑的世界里，我们已窥见焦虑的 A 面形态。下面请随我一起，揭开它背后的 B 面，探寻那些隐藏在焦虑之下，更为深刻与复杂的事情。

第三节　焦虑障眼法："逃避"策略，是救赎之门还是沉沦之渊？

我知道这里有一片沼泽，

但如果我闭上眼睛前行，

我将获得短暂的愉悦或平静。

如上所述，学生时期着急忙慌赶假期作业，考场上最后作答不擅长的题目，以及工作中最后处理复杂材料的行为，都藏着一个共性：选择优先处理更愉悦或者更有把握的事情。

脑科学冷知识

大脑会优先选择轻松、简单的事项。我们的大脑确实更偏爱快乐轻松的时光。对于熟悉的工作，大脑能快速调取处理方案，有把握的事情会让我们更有信心和动力。如果人生的每一段时光，每一件事情都如此轻松娴熟，那人生真是蜜糖。但遗憾的是，总有不少如"毛线团"般麻烦的事情需要我们处理。面对这些复杂的"毛线团"，我们的大脑干脆就采取一种最原始也最直接的策略：逃避。值得一提的是，"逃避"也是一种自我防卫机制，它只是想要保护我们免受这些烦心事的困扰。

我养过一条棕色的泰迪犬。与之相处时，我发现了一个有趣的现象，当小狗随地大小便或者咬坏我心爱的鞋子后，每次我训斥它时，它就耷拉着脑袋，垂着眼睛不敢直视我。即使偶尔抬一下眼皮，也是瞥一眼又赶紧将视线移开。这正是动物面对不悦时本能的自我保护。面对我的训斥，小狗认为选择不看、不面对，感觉上就会好受些。

如果没有养过小狗，那你有坐过过山车吗？垂直而下的冲击和极速带来的恐惧，让人下意识地紧闭双眼。看恐怖电影，每当出现惊悚画面时，我们第一反应是捂住眼睛，试图隔绝恐惧。这些都是面对不悦的情景时，我们采取的"逃避"策略，从中不难理解"逃避"这种本能机制。

逃避和焦虑有什么样的关系呢？在了解"逃避"后，我们对焦虑的探索就会轻松很多。在远古时期，遇到凶猛野兽，"逃避"这种机制会让我们拔腿就跑，得以存活。遭遇恶劣环境，"逃避"这种机制会让我们尝试迁徙，寻觅新的家园。

但面对复杂的现代生活，这种原始简单的机制会衍生出新的问题。当我们面对一件不喜欢的事情时，我们可以使用"逃避"这种机制，但这件不快乐的事并不会因为"闭上眼睛"而消失，我们的装聋作哑只能拖延时间。运用这种方法不但不能蒙混过关，反而随着时间的推移，在临界点离我们越来越近时，"紧迫和焦虑"的浪潮汹涌而至。

瞧！为了生存，我们拥有了叫"逃避"的这个本能；为了更好地生存，我们又拥有了"焦虑"这个情绪。本质上它们并不是什么坏家伙，而是我们与生俱来的一部分，对我们有重要的意义。关键在于我们要学会同这两个家伙和平共处，说不定还能利用它们提升效率！

第四节　迷茫森林中的指南针："四象限"定位法

面对"逃避"和"焦虑"这两个小家伙时，比较有效的应对策略是采用"四象限法则"。首先，我会在工作本上梳理出全部的待办事项。再将它们细致地分为四大象限：紧急、不紧急、重要、不重要。

将"紧急又重要"的事情放在第一顺位去处理，接下来是"重要但不紧急"，第三位是"紧急但不重要"，"不紧急又不重要"的事情放在最末一个顺位处理。当然，你还可以分得更加细致，分为：紧急、一般急、不急；重要、一般重要、不重要。以此类推。

当排列好顺序后，我们只需要按照排列好的顺序去执行每一个事项。

具体处理方法如下：

第一步：梳理所有待处理事项。

第二步：按"紧急程度"和"重要程度"进行排列。

第三步：按照排列后的规则处理事项。

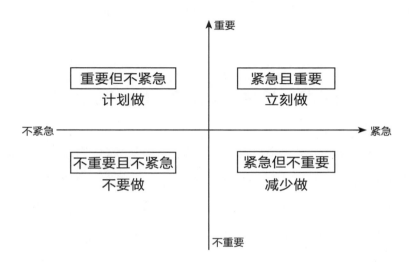

这样做的好处在于可以巧妙地躲过大脑的"逃避"机制，有效遏制拖延症，帮助我们理出更加理智的、正确的处理顺序，避免我们最后处理重要、紧急的工作，能更加合理地规划时间、提高效率。合理排序的待办清单就像茫茫大海里的一个灯塔，指引我们前进。

如果我们因为逃避，已经浪费了时间，陷入焦头烂额的境地，也不必过于自责，"四象限"定位法能让我们在接下来的工作中不会手忙脚乱。随着时间的迫近，当我们发现还剩很多任务未完成时，我们往往容易陷入盲目应对的旋涡，总是会眉毛胡子一把抓，"毛线团"越来越乱。的确，焦虑会让我们毫无头绪。而"四象限法则"至少能让我们心中更有把握，对未完成的高压任务更明晰，也能让自己完成得有条不紊。

我们每完成一项任务时，心底油然而生的成就感，也会增强自我的信心，随着这种正面反馈的积累，失控感逐渐被掌控感所取代，焦虑的程度也会随之下降，昔日的"乱麻"也就逐渐理顺。

第五节　情绪孪生兄弟：焦虑与恐惧

有一款曾在年轻人中风靡一时的娱乐项目：密室逃脱。这款项目能充分地阐释"焦虑"和"恐惧"的关联。在精心设计的空间里，参与者穿梭于幽暗的走廊与房间，寻觅着解开谜团的蛛丝马迹，只有在拿到线索后才能过关。在这个解密的过程中，不仅有吓人的机关，还可能在某个角落里突然闯入扮作鬼魂的 NPC，将恐惧的氛围推向高潮。

在这场智力与勇气的较量中，玩家们如果迟迟找不到线索，通常会急得团团转。密室逃脱之所以这么受欢迎，正是因为它能刺激各种情绪体验，焦虑就是其中之一，因为害怕机关的恐吓，我们产生了想要快速找到线索穿过房间的焦虑情绪。换个角度想想，假如埋伏在四周的不是恐吓我们的机关，而是一只温顺的小兔子或者小猫咪，我们还会那么急匆匆去寻找穿过密室的线索吗？急得跳脚的我们可能会停下脚步，说说笑笑地等待与小兔子的邂逅呢。

由此可见，焦虑的背后其实是恐惧。当我们面对一项新的艰难工作任务时，我们可能会失眠不安、心绪不宁、易怒易躁。这些皆是焦虑的外在表现形式，我们会跟朋友们倾诉："我最近睡眠不太好""我最近总是掉头发""我最近总是爱出汗""我最近总是容易着急上火"。我们并没有意识到我们只是在倾诉客观的生理表现，而这些生理现象的背后是焦虑情绪在作祟，更会忽略了其背后的恐惧之影。

之所以产生焦虑，其实是因为我们害怕新任务的失败：我们害怕让领导失望，害怕同事们质疑自身能力。如果将其比作海洋，那些显而易见的生理反应只是海面上的浪花，而真正汹涌澎湃、翻江倒海的情绪暗流却隐匿于海面之下，难以窥见。下面我们通过案例来探讨一下"焦虑"。

案例：小曾和女朋友相恋多年，顺理成章地走到了谈婚论嫁的地步，两人也共同选定了领取结婚证的日期。然而，随着领证那一天的悄然逼近，小曾日渐焦躁不安。他开始在细枝末节上徘徊，总是寻找一些无故的托词，试图拖延结婚这件事。女友深感失望，认为小曾的迟疑是对未来缺乏担当的体现，最后伤心离去。

看起来，小曾面对婚姻一直在犹豫不决，实则是婚前焦虑。所谓"婚前焦虑"，源于小曾对未来不确定的恐惧心理。可能是两人尚未磨合好的相处模式，让小曾害怕婚后会产生矛盾；也可能是小曾害怕婚后生儿育女的经济压力。焦虑只是魔鬼的一个衣角，我们要抓住这个衣角，揪出背后真正的恐惧。小曾只有洞悉自己内心的真实挣扎，才有可能同女友携手寻找破局之法。现在我们知道了焦虑的缘由，在下一章我们会详细探讨如何破解"焦虑"。

第六节　混沌到明晰：将焦虑事件具象化

有时候，"深层的恐惧"如同狡猾的孩童，藏在各种躯体化反应和情绪体验中，难觅踪迹。既然如此，那不如就来玩一个名为"寻找恐惧"的捉迷藏游戏，把它们一个个从隐蔽的角落里找出来，看看我们究竟恐惧的是什么。应对这类焦虑有效的方法是 —— 将焦虑事件具象化。具体操作步骤如下：

1. 客观描述出"我"此刻的状态。比如：此刻，我的手心正渗出细密的汗珠，我的双腿不由自主地微微颤抖。

2. 深入体验"我"的主观感受。这一步和上一步的不同之处在于，这里我们不是关注肉眼可见的躯体变化，而是细致捕捉那些难以言表的主观体验。比如：我感到喉咙仿佛被无形的力量轻轻扼住，我的胃部经历着一阵又一阵的紧缩。

3. 自我审视。我们可以进行自我询问：为什么自己会有这种状态？因为自己正感受到一股强烈的焦虑情绪等等。

4. 深挖焦虑之源。继续向内探索：这股焦虑来自哪里？答案可能是：我对……感到深深的不安。因为我害怕……的场景发生，这个场景让我觉得大家讨厌我。

5. 清晰罗列，直面恐惧。将我们害怕的事项清晰地一件一件叙述出来，或者用笔详细记录下来。确保每一个细节都被挖掘，让恐惧不再是一个模糊的影子，而是成为我们面前清晰可辨的场景。

我们把感知到的状态提升到意识层面，真正的"魔鬼"也就暴露了出来。当我们明白自己到底在焦虑什么，尝试将焦虑的内容具体化时，第四步、第五步的操作越细致，效果越好。细致到具体恐惧的某个人、某个场景、某个事，以及这个人、事、场景给我们带来了何种不舒服的感受。当焦虑不再是一个抽象的概念，我们就会更有掌控感。抽象就会有空间滋生出迷茫、未知，所以我们要让焦虑具体地呈现出来。

就像在沙漠里行走的人，如果不知道哪里有水源，他最终会在寻找水源的路途上崩溃。但当他具体知道水源在哪个方向、离自己还剩几公里时，他会对剩下的路途更有信心。我们需要做的就是看清背后真正恐惧的事情。

如何将焦虑层层具象化：

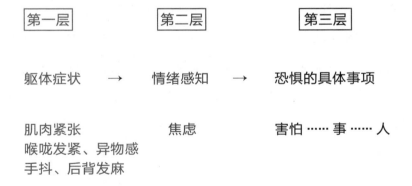

第一层		第二层		第三层
躯体症状	→	情绪感知	→	恐惧的具体事项
肌肉紧张		焦虑		害怕……事……人
喉咙发紧、异物感				
手抖、后背发麻				

模糊而笼统的情绪会加重我们的恐惧感，而恐惧感也是焦虑的构成之一。所以，我们不妨用这种"将恐惧具象化"的暴露法，像剥洋葱一样将焦虑层层剥开。如同疗愈伤口，将创面层层包裹起来，伤口可能会化脓溃烂，但将伤口裸露出来反而会更快地结痂愈合。

第七节　情绪引领下的错位：混淆现实与想象

　　这里有一个有趣的真相：我们那"聪明绝顶"的大脑会被自己的"聪明"所诱骗，掉入自我编织的"完美"陷阱。这就不得不提到大脑的工作机制：大脑会对某个发生的客观情形进行解读，这个解读就是"想象、加工"，通过这一系列的解读后，大脑再得出结论并作出判断。

　　我们可以通过一个日常事件体会一下大脑的工作流程。

　　比如，桌子上放着一个绿色的苹果和一个红色的苹果，哪个苹果更甜？"两个苹果"这就是客观事实。接下来，大脑开始对"绿色""红色"进行加工。得出的判断是绿色苹果是"酸"的，红色苹果是"甜"的。这个过程中，苹果的颜色是客观情形，而"酸"与"甜"则是大脑加工的产物。

　　看见绿色苹果（客观事实）→猜测它很酸（主观产物）

　　再比如，我们走进了一条望不到头的陌生小路。"望不到头"这个情况是客观事实。大脑开始对"望不到头"这个现象进行加工。结果可能得出"我们没法走出这条小路"或者"我们会在这里迷路"的判断。

　　望不到头的路（客观事实）→我们没办法走出小路（主观产物）

看了以上两个例子后，我们再来回顾之前案例当中的内容。案例中的"小曾"，因为婚前恐惧，最后没有和女友步入婚姻的殿堂。面对"结为夫妻"这一客观事实，小曾的大脑进行了主观加工：如果自己和女友结婚了，在琐碎的婚姻生活中，难免发生矛盾冲突，而冲突就会增加烦恼，进而导致不幸福。虽然这种想法并不是真实已经发生的场景，而是小曾对未来生活的一种想象，但这种主观加工的情景会和现实混淆。

不可否认，这种想象确实也是基于一些过往经历的推断。有可能幼年时期的小曾目睹了父母婚姻的矛盾，所以认为缔结婚约就会产生剧烈的冲突。但无论基于什么原因，这些想法仅仅是对婚姻的一种假想。让小曾焦虑的并不是实际的婚姻，而是想象出的婚姻。

同样，失业的人会产生巨大的焦虑，他们往往将"失业"等同于"没有收入"，"没有收入"等同于"无法生存"，一连串的糟糕想象由此而生，最后就会演变成：**失业 = 无法生存**。

"无法生存"这个想法确实让人感到焦虑。在这里，不再是单纯失业导致焦虑，而是生存威胁带来焦虑。

在工作中，当我们搞砸了一个重要客户的订单时，我们认为这会给公司带来巨大的损失，进而觉得我们不是优秀的员工，担心在优胜劣汰的规则中被裁员，"裁员"就是"失业"，"失业"就"没有收入"，"没有收入"等于"无法生存"，最终还是会演变成：**搞砸客户单子 = 无法生存**。这个等式同样会让人感到焦虑。事实上带来严重的焦虑的并不是搞砸客户订单，而是生存威胁本身。

我们再来看看失恋的人是如何焦虑痛苦的，我们的伴侣向我们提出了分手，伴侣提出分手就意味着对我们不满意，伴侣对我们"不满意"就意味着我们"做得不好"，而"做得不好"就意味着我们是"糟糕的人"。最后就会演变成：**失恋 = 我是糟糕的人**。而"我很糟糕"这样的想法同样让人感到焦虑和沮丧。

　　除此之外，我们还会经常看见焦虑的父母。孩子"考砸了"就说明孩子的"成绩不好"，"成绩不好"就"无法进入好大学"，"无法进入好大学"就"没有好的工作"，"没有好的工作"就"没有好的收入"，"没有好的收入"也意味着"没办法良好地生存"。最后演变为：**考试考砸 = 孩子成年后无法良好地生存**。所以父母感到焦虑。

　　生活中还有一个常见场景，夜晚躺在床上时，我们会担心煤气灶是否已经安全关闭。一旦煤气灶未能紧闭，那么就会出现煤气泄漏，如果煤气泄漏就会导致中毒或火灾，中毒和火灾会导致死亡和爆炸。于是，我们不得不焦虑地再三起床检查煤气灶，甚至在确认关闭后还会再次打开检查，只为听到那令人安心的"啪"的一声，才终于能够安然入睡。

　　事情的真相是：

客观事实 → 通过大脑的想象、加工 → 严重事件 → 诱发焦虑

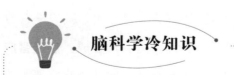

脑科学冷知识

　　让人焦虑的并不是某个糟糕的事件本身，而是大脑对事件加工后的产物。

我们或许已经发现，这个完整的链条中有两个部分：客观的事实部分，我们的想象部分。失业、搞砸客户的订单、失恋、孩子考试考砸了等都是客观的事实，而"无法生存、我们是糟糕的人"等是我们通过一个个想象的环节加工出来的。

我们的大脑会对自己想象加工出来的情况深信不疑并沉浸其中，焦虑便随之而生。所以，我们只要打破整个链条中的任何一个环节，焦虑就缓解了。它们就像契合的发条，在运行的过程中，如果有一个齿轮中断，整个发条就会停止转动，而这就是破解"焦虑"的关键！

第八节　想象与现实的迷宫：分辨与抉择的技巧

我是一个想象力很丰富的人，想象力确实给我带来很多美妙的体验，让我在富有创造力的工作上表现出色。但同样，我也受到了它的负面干扰。过去的我从未觉察到，我的思维模式会对客观发生的一件不如意的小事情，进行丰富的加工，将微不足道的小事编织成很严重的事件，激起令我惶恐的巨浪。

后来我开始意识到，只要能区分哪些是大脑想象的坏情况，哪些是客观的不好事件，就会轻松很多。为缓解这类想象焦虑，我们可以将焦虑害怕的事情逐一写下来，并且一条一条去分辨究竟是客观的事件，还是大脑加工想象的坏情况。

如果是大脑想象出来的坏情况，不必过多担忧，它们不过是大脑加工出来的虚妄的"产品"，是我们脑海里的海市蜃楼，置之不理，这份焦虑自会消失。

如果是客观的坏事件，那我们采取积极主动的姿态，思考应对之策，并以此列出计划，焦虑也就缓解了。

所有焦虑的事情

↓   ↓

客观事件   **大脑加工事项**

↓   ↓

制订计划解决   **忽视它**

↓   ↓

焦虑缓解   **焦虑解决**

尝试着用这种方法处理"焦虑"，可以帮助我们区分"现实"和"想象"。当现实和想象不再是一潭浑水，而是两条清晰的溪流时，生活也会清晰很多，焦虑也会缓解很多。

第九节　跨时空的疗愈之路：松弛人生焦虑

我们站在人生没有指示牌的十字路口，急于赶路却又不知何去何从。回望过去的经历，似乎走得不够漂亮，才来到了今天这个命运的岔路口，而前路不知将通往哪个方向让我们倍感迷茫。就像在大雾里开车，即使我们努力打开车灯，那团席卷而来的茫茫大雾仍让人无法看清前路。

有些人会在三十岁时顿悟,有些人则在四十岁。这种顿悟反而会引发一种焦虑。过去因为年轻体健、父母健在、职场对新人的体谅等,人生好似一件宽宽松松套在身上的 T 恤,身体被慵懒地包容。直到有一天,我们突然意识到自己人生的进度条已经过半,而前半程我们不够全力以赴,满是遗憾,并且深知接下来的岁月还会待我们更加苛刻。好像时间让人生的空间变得紧巴巴,于是一种怅然若失的焦虑感随之而来,有些中年危机也在这时候开始出现。归根结底是我们对于过去的不满意,又对将来如何改变感到迷茫。

如何对待"衔接过去和将来"引发的焦虑?最好的答案是"接纳"。面对无法更改的事项,"我认栽,我买单",这就是一种接纳。面对纠缠于过往的人、事、物,"我止损,我离场",这也是一种接纳。人生的课题并非都能圆满解决,人生的站点也不是都可以精准到达,这时候的"接纳"反而是一种更强大的力量。

我们就站在焦虑的面前,平和地看着它。看着这些岁月的缺口,看着这些深一脚浅一脚的人生道路,去"承认和接纳"它。是的,这就是我们当下斑驳的人生,我们只有看见过去的自己、理解过去的自己,才能接受目前的状况。

真正的强者能平和地接纳人生中的不完美,深知时间之河不可逆,敢于为过往人生的波折或失误"买单",而不妄图修改人生的任何一段时间线。只有坦然接纳当下,我们才能放下焦虑。不沉迷于沮丧和幻想,才能和当下的现实生活产生纯粹的联结。

第十节　解析大脑双重系统：转变创伤焦虑

中国有句流传久远的俗语："一朝被蛇咬，十年怕井绳。"它形象地描绘出了我们只要受过一次重大的伤害，以后就会对类似的事情产生焦虑、恐惧。我是地道的四川人，经历了 2008 年的 5·12 汶川地震。当年我正读高中，所在地不是重灾区，但有很多重灾区的学生被暂时分送到我们学校就读。每一个从重灾区来的孩子，眼睛里都透着未散去的惊恐。

我当时的同桌正是重灾区孩子中的一员。灾难的阴影如影随形，地震诱发的那份对震动的敏感，导致他无法乘坐公共汽车等交通工具。即使只是公交车的轻微颠簸，也会让他的内心产生惊涛骇浪。有时，我只是在课间移动了一下座椅，都会让他不由自主地颤抖。地震的灾难场景已经深深烙印在他的大脑里，只要身体感受到类似的震动，经历过的灾难画面会一次次在他的大脑里上演。尽管理智上他知道这是在安全的地方，可是涌上心头的第一反应仍然是紧张。这种焦虑恐慌是不理性的，可是他却难以摆脱这无形的枷锁。为什么在经历这些创伤性事件后，即使身处安全环境仍然会有当初的焦虑感？这源于我们大脑对"创伤事件"特有的运作机制，下面让我们一起看看这鲜为人知的脑科学秘密。

大脑的两套系统：面对各种问题时，我们的大脑有两套系统来应对：第一套是直觉系统，第二套是理智思维系统。现在，我们先来谈谈第一套"直觉系统"。简而言之，所谓直觉系统就是大脑的第一反应，也就是我们常说的"第六感"。这套系统的运作模式根据过往经历来提取记忆、做出反应。比如：听到打针，我们的肌肉会不由自主地紧张；看到火焰，我们会本能地躲避。这是因为我们的大脑已经储存了打针会疼痛，火焰会灼伤身体的经验。除了基因携带的部分，更多反应源于以往类似的经验留存在了大脑里。当出现类似的场景时，我们会以最快速度做出反应。

大脑的第二套系统：理智思维系统。第二套系统的运作方式比第一套系统要复杂得多。在什么情况下大脑会启动第二套系统呢？当我们遇到从未处理过的陌生情景时，"直觉系统"因缺乏可以借鉴的相关经验，而无法提供有效的解决途径，这时，大脑会转而启动第二套系统。

第二套系统会引导我们审视陌生环境的舒适度，深入分析当下情形对我们的利弊，驱使我们运用逻辑与推理能力，思考如何解决、做出何种应对策略。它是一套建立于逻辑和思考之上的决策系统。

以第一次打针的孩子为例，首次打针的孩子通常不会表现出哭闹的行为，因为面对针筒他们并没有负面的情绪记忆。相反他们会用稚嫩的眼神好奇地打量着针头。同样，当孩子第一次看见穿白大褂的医生时也并不会害怕。这是因为他们的大脑里并没有任何有关医生的负面记忆可以调取，便只能启动第二套系统。个体表现出对新事物的观察、感受、思考、判断，最后再做出决策。所以，相较于那些已数次经历打针体验的小孩，首次打针的孩子并不会在第一时间号啕大哭。

大脑的双重系统如何交互工作？还是以孩子第一次打针为例，大脑的第二套"理智系统"充当了对首次医疗体验的观察者与分析师的角色，总结出"打针即疼痛，是负面经历"这一结论，并做出决策：要反抗或者逃避它。至此，这种体验就经过编码储存在大脑里了。

　　以后，当相同的触发元素出现 —— 穿白大褂的医生或者针头，因为有了前车之鉴，不再需要理智系统的介入。此刻，直觉系统捷足先登，根据之前的疼痛记忆，预见痛苦的经历又将来临。于是，在打针之前，小孩们就已经开始焦虑地抗拒起来。与"理智系统"不同，"直觉系统"不会对现状进行深入分析，只是快速地从过往经验中调取信息。这种"捷径"机制并非次次准确，所以，大脑的这一漏洞正是创伤焦虑的根源。我们之所以既"坚强"又"脆弱"，就是因为大脑的双重系统在交互工作。

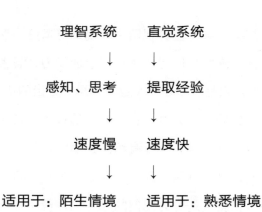

　　我们的祖先正是凭借大脑的两套系统通过了自然界的重重考验，得以生生不息地繁衍。在远古时期残酷的生存游戏中，我们的祖先只要目睹过一次猛兽袭击的残暴场景，就会将其编码并储存在大脑记忆里。日后出现相似的场景时，大脑的第一直觉系统迅速发出"焦虑恐惧"信号，阻止他们靠近潜在的危险。可以说，这套基于经验做出反应的"大脑第一系统"是保护我们的盔甲。如果没有这套系统，我们会失去对危险的准确预判，生存几率大大下降。

同理，当我们经历过某个创伤性事件后，一旦置身于相似的场景中，直觉系统就会触发莫名的焦虑信号，其目的是让我们提高警惕、保护自我。某位女演员曾经在节目上分享了她不同于别人的困扰。

案例：某女演员一直以来无法接受香蕉以及与香蕉有任何联系的物品，甚至连听到这个词语都很难受。这种困扰并非与生俱来，而是那一年，她的母亲去世，她匆忙赶回去，正巧看到桌上放了一串香蕉。从此，一件奇怪的事情发生了，她再也没法吃香蕉，只要靠近香蕉就会感到莫名的难受，甚至对一切与香蕉有关的东西都心生恐惧。

在她的记忆里，香蕉和巨大的悲痛事件连在了一起，香蕉成了系在创伤事件上的附属标记。虽然香蕉本身只是寻常之物，却因为这种记忆的联结，触发了她难以承受的悲痛情绪。她的直觉系统并不会对"香蕉"进行分析、判断，只是简单地将出现在创伤性场景中的香蕉标记为"伤痛"，并不由自主地启动防御机制。

我们是否有类似的经历？当我们被焦虑的情绪所困扰时，或许正是大脑中的"直觉系统"被当前场景悄然激活。我们在似曾相识的场景里经历过不愉快体验，这些潜藏的记忆碎片如同触发警报一般，让我们的神经系统进入高度警觉的状态，提醒我们注意潜在的风险。

曾经溺水的人可能变得害怕游泳；曾经尝试付出真心却遭遇背叛的人，在以后的情感中把自己紧紧包裹；幼年被强暴过的人，可能会回避与性相关的体验。这些都是第一套"直觉系统"亮起的警示的红灯。直觉系统像一个肌肉发达的"闪电侠"，它丰富的记忆库就是闪电侠发达的肌肉，快速为我们形成一道防护的盾牌。它虽然反应快速，但也太过简单。有溺水经历，就让我们对水产生恐慌；有遭遇背叛的经历，则让我们害怕再次袒露真心。"直觉系统"的高效常常让我们产生不必要的负面情绪。它的漏洞在于：它忽视了事情的特异性和普遍性，将一次特殊事件普及泛化为所有相似的事件。这样也许就能解释我们为什么会产生莫名的焦虑。

在实际的心理咨询中，咨询师评估求助者心理困扰程度的一个重要标尺，就是看特定创伤带来的感受，是否会"泛化"到其他情景中，倘若某个创伤场景的影响延展至其他非直接相关的情境中，就超越了普通心理困扰的范畴，进入更为严重的心理问题的范畴。

情形一：某人在 A 路口目睹了一场车祸，从此每到 A 路口他都充满焦虑。这是仅在该特定路口出现显著焦虑，属于相对局限的心理反应。

情形二：目睹车祸的个体，其后对所有的路口都产生恐惧与焦虑，也就是说，任何一个路口都会诱发他的焦虑。这两种情形的严重程度自然不一样。

其实，心理学中的"泛化"概念与我们探讨的大脑双重处理机制中的潜在漏洞有关。有人可能会想：要是我们每次面对事情都不受第一套"直觉系统"的困扰，只让大脑使用第二套理智系统不是更好吗？我们可以更理性地权衡目前的状况，产生更恰当的情绪，形成更合适的对策。可是，遗憾的是遇到熟悉的情境时，我们的第一反应"直觉系统"总是比"理智系统"抢先一步启动。为什么会这样呢？

试想一下，如果真如所愿，我们总是能使用"理智系统"，那恐怕会遭遇更大的劫难。若我们的祖先每一次在遇到危险时，都停留在原地思考：这只野兽有锋利的牙齿、非常有力量的爪子、强大的进攻力，并思考"此兽具备威胁性特征，我是否应判定其为危险信号"，这样一来，他们大概率早已变成野兽的"美味佳肴"。所以，那些没有"快速反应"系统的物种，大概率早已被淘汰、灭绝，能存活下来的，都是"直觉系统"更快于"理智系统"发送信号的种族。作为这类种族延续的后代，我们的大脑也承袭了同样的运行方式。

既然大脑的原始设置无法更改，我们的直觉系统总是嗖地优先蹿出来，那我们怎么和创伤性记忆相处呢？我们怎么才能调节过往不好的记忆带给我们的焦虑感呢？我们来看看下面这个求助者的案例。

案例：小丽曾经在做推销员的时候遭遇他人的嘲笑，自此以后，她发现面对陌生人时总是感到焦虑不安，结巴得说不出整句话来。如果小丽能有意识地启动大脑的第二套更加理智的"思考系统"，就能判断出今日的陌生人，已不是当年那些人，自己也不再是当年那个初入社会的自己，现在的自己经过时间的沉淀，早已不同往昔。

只有当案例中的小丽发觉到现在的情形已经不是当年，现在的她完全能够比当年的她拥有更强大的力量，大脑的第二套"理智系统"才会打破第一套"直觉系统"带来的焦虑感，让阳光沿着时间的缝隙照进现在的生活。

在洞悉大脑双重系统的运作机理后，过去那些让我们焦虑的创伤将无法控制我们。我们可以通过调整策略，启动第二套"理智系统"去审视直觉系统是否明智，我们又能采取什么行动去改变它。让原本保护我们的直觉系统不再成为阻碍我们前进的绊索，让过往的创伤性记忆不再束缚我们生命的张力，人生就会拥有更多的可能性。

"创伤性事件"相似场景 $\xrightarrow{\text{触发}}$ "直觉系统" $\xrightarrow{\text{产生}}$ 焦虑

↓

解决办法： 运用"理智系统"分析、思考

↓

结果："理智系统"解除"直觉系统"警报

↓

焦虑缓解

第十一节　焦虑是爱的礼物：爱意误解与重新定义

　　世间情感的表达方式有千万种，我们会见到喋喋不休的夫妻，也会看见揍熊孩子的父母……这些语言和行动，都是情感和爱意的不同呈现形式。情绪也是表达方式的一种，只是对信息的接受方而言，它是不那么恰当的表达方式。本节我们会一同探索如何将"焦虑"转化为"我爱你"的方法，即情绪语言化。

　　在家庭生活中，我们常常看见忙于应酬迟迟未归的丈夫，妻子焦急得彻夜难安，丈夫认为这只不过是稀松平常的应酬，难以理解妻子为何如此焦虑。妻子被这种焦躁的情绪困扰，于是一场家庭战争就在"焦虑情绪"的火药味里爆发。其实这种焦虑情绪是一种语言，是在替妻子表达"我很担心丈夫"以及"作为妻子，我很爱我的家庭"的信息。倘若一个妻子完全不在乎她的丈夫，想必这时候的她早在香甜的梦里。

妻子之所以认为是丈夫的行为导致了她的焦虑，是因为她未能意识到，其实她正在通过焦虑这种情绪表达和确认她对丈夫的爱，也或者说她正在用焦虑这种情绪获得妻子这个角色的存在感。"你看，我是你的妻子，我正在为你担心，如果我不是你的妻子，我不会为你的深夜未归而着急。""这是我行使妻子这个角色的权利，这种焦虑让我感到作为妻子这个角色是有意义的。"所以，妻子可能没有意识到这是一场她自己为确认某种目的而制造的焦虑。

很多分手后又复合的恋人，往往是因为在分手后失去联系的日子里，慢慢感受到蔓延而来的焦虑情绪，通过这种情绪他们会确定自己对这个人爱意犹存。"离开你后，我很焦虑。所以，我认为我还爱你。"这份认知驱使他们尝试着回到昔日恋人的身边。我们暂时不评判这种做法是否理智，只是探讨"焦虑"这一情绪，它可能是我们自己制造的一种表达方式，借由它来确定自己的心思。

父母对子女的爱，有时候也会通过一种看似焦虑的情绪表达出来。对子女健康的担忧、对子女学业的殷切期望，常常会表现为父母特别地生气、着急。焦虑的父母看似很煎熬，但也正享受着通过"焦虑"来表达和认同"自己是一个称职的、有责任心的父亲或母亲"。这种"焦虑"投射出的是一种强烈认同与自我确认。假如，他们是没有责任心的父母，完全可以对子女疏忽、放任。通过"焦虑"，他们能看见自己正在履行责任，为孩子操心，他们爱着他们的孩子。

如何读懂"焦虑"背后爱的语言？如果我们能理解情绪其实也是

"我爱你"的一种表达方式，我们或许就能更透彻地看清某些"焦虑"的真相，能感受到剑拔弩张氛围里流动的那一丝爱意。但是，如果我们对焦虑这种情绪只是草草对待、随意曲解，就很难在这些碎片里看见爱的光芒，难以明白我们对这种情绪的需求，以及自己制造这份情绪的意义。

为了避免爱意的错误表达，正确的做法是学会"正话正说"。通常，我们焦虑的表达方式是"正话反说"，这是因为我们被生气、伤心等不舒适的感受控制，转而采用负面或者带攻击性的语言来表达，比如："你凭什么还不回家？""你醉死在外面好了！""你的心里根本没有我！"实际上我们想传递的信息是："你这么晚未归，我很担心你的安全。""喝这么多的酒，让我对你的健康很担忧。""我很在乎你对我的爱。"虽然"正话反说"的表达同样是源于爱意，但接收者难以准确接收到正面信息，导致信息传递受阻。

马歇尔·卢森堡博士在《非暴力沟通》一书中提到沟通的四个要素：观察、感受、需要、请求。我们来看看这四要素如何助力有效而和谐的表达。

1. 观察：客观地陈述所看到的事情。切记，用事实说话，而不是添油加醋的批判或者个人联想的主观臆测，以确保信息的客观性与准确性。

比如："这一周时间，你每天回家都是在凌晨后"而不是"我看你一天到晚都在外面鬼混"，对方一周都是半夜回家，这是客观的情况；认为对方在外面鬼混，就是我们的主观判断。我们更需要表达的是前者，而不是后者。

2.感受：描述我们面对客观事情的感受。比如："这件事，让我感觉到了担心、难过"而不是"你这么搞，简直就是辜负了我的真心"。

3.需求：明确地提出，希望对方如何做。比如：希望对方早点回家，希望对方在闲暇时间多陪陪自己，希望对方能分担家务，等等。而不是情绪化地抱怨："这么晚还回来干吗，你就待在外面别回来了！""你要是陪陪我们，真是太阳从西边出来！""这个家早晚得散！"

4.请求：用合理的语气表达自己的需求。比如，使用温和、体谅、不带攻击性的语气。心理学研究表明，我们表达一个信息时，语气有时候甚至能传递出百分之七十的内容。不妨试试，同样是说："你回家了呀。"前者用平静的语气说，后者用阴阳怪气的语气说，传递的信号完全不一样。前者让人感觉关怀和亲切，但后者就会让人感受到讽刺或不满。

第十二节 重置"焦虑"程序：从负担到资源

没有任何"橡皮擦"可以将"焦虑"这种情绪从我们生命中擦拭掉，它是我们情绪的重要组成部分。黑格尔曾说过"存在即是合理"，焦虑情绪的存在，必然有它的意义。

"焦虑"是激发我们内在动力的助推机制，考试的焦虑如同警醒的导师，会让学生在日常学习中更有紧迫感，因为畏惧考试的失败，他们能更加努力地求知，上进学子的背后往往能窥见焦虑的无形鞭策。

职场生存的焦虑会让职员努力深耕专业技能的同时，学习新的技能，成为一个多元化的复合型人才。这种对被淘汰的焦虑，促使他们攻读在职学位或者考取更高的职称，使他们职场的每一步更扎实、更有力。这些正是有能力从焦虑中获得积极意义的人所应该得到的礼物。

焦虑亦有缓冲保护的效能，当我们接收到"焦虑"的信号时，内心的不安感会让我们进行审慎的考量，预设事情最坏的情况。当最坏的结果真的发生时，由于我们提前做好的心理准备，坏结局对我们的冲击力往往得以缓和。以股市投资为例，投资者面对大盘的动荡会产生焦虑感，这种焦虑会使他们做好资金亏损的预估，当亏损真正发生时，前期的心理准备就构筑了一道心理屏障。正如车祸瞬间弹出的安全气囊，"焦虑"就是提前装置的缓冲装备，这也是我们能从焦虑中获得的馈赠。

焦虑孕育着提前解决问题的力量，成语居安思危、未雨绸缪就诠释了这样一种力量。

生活中的焦虑常常会让我们提前谋划解决方案，或者促使我们提前做好预防措施。比如：害怕因病致贫的焦虑让人们提前购买疾病保险，当疾病真的发生时，医疗资金难题已经解决了。

我曾参与过抗洪救灾，由于对洪水侵害百姓生命财产情况的焦虑担忧，各部门联手，在汛期来临前就设立堤防、清理河道，并且提前转移了群众。那年洪灾确实很严重，但当洪水来临时，部分问题已经解决了。我们无法阻止灾难的到来，但可以提前采取应对行动，这些何尝不是焦虑的厚礼，但这份礼物属于那些有能力发现焦虑的积极意义的人。

●●● 情绪之旅·体验心得 ●●●

"焦虑"是扎根在我们身体里的情绪之一，它贯穿我们人生的各个章节，直至生命的尽头。它可能会给我们带来不适感和困扰，但我们不必为此回避它或者厌恶它。我们可以意识到它的存在、了解它、接纳它，将焦虑透明化，而不再被它隐秘操控，我们甚至还能从它手里获得积极的启示。

人生就如同一辆行驶在时间轴上的汽车，它会穿过崇山峻岭，也会驶过一马平川，它行驶过的路途我们无法修正，但这辆车要驶向哪里，方向盘却在我们手里。希望这份关于焦虑情绪的解读，能让你的人生之旅更加笃定。

对了！那次川西之行的险路驾驶我顺利到达终点，松开方向盘的刹那，温热的血液回流指尖，充满力量。停下车、拉上手刹的那一刻，我看见窗外的山巅山谷如同人生起伏，宽阔的是高原也是胸怀，如碧的是苍穹更是心境。

 情绪收纳盒

本章我们推开了老朋友"焦虑"的大门，走进它的世界，发现每个人都在它的访客名单里，见到了它多变的外在躯体表现形式，找到了它在每一个转角里藏着的礼物。

一、体验焦虑——走进焦虑症患者的世界。

二、分析"焦虑"产生的原因并找到如何与它达成和解的方式。

1. 逃避引发的焦虑。

解决办法："四象限"排序法。

2. 恐惧催生的焦虑。

解决方法："情绪具体化"暴露法。

3. 混淆想象和现实导致的焦虑。

解决办法：学会甄别"现实与大脑产物"。

4. 创伤性事件导致的焦虑。

解决办法：平衡"大脑双重系统"法。

5. "过去与未来"的迷茫诱发的焦虑。

解决方法：接纳法。

6. 焦虑是不恰当的爱意表达。

解决方法：学会"正话正说"的表达法。

三、我们结束对老朋友"焦虑"的拜访后，作为礼尚往来，这位老朋友"焦虑"赠予了我们一些回礼。从这些礼物中，我们领悟到所有的"焦虑"皆是有意义的，学会重置"焦虑"程序，让它从负担变为资源，这是那些有力量从"焦虑"中看见积极意义的人，才能获得的回礼。

第 三 章

失衡的天平——不甘心

　　菜市场的场景我们都不陌生，那里充满着市井烟火气，熙熙攘攘间藏着很多故事，每一个小贩、每一个顾客都是故事的主角，每一次交易都是一场小小的较量。正是小贩和顾客汇集在一起，才绘成了中国菜市场特有的风情画。喧嚣之中，有人讨价还价，也有人哼着小曲满载而归。卖菜的小贩是计算盈亏的商人，买菜的顾客也是掂斤播两的战士，力求每一分钱都花得物超所值。双方付出的"筹码"都得是自己心里认可的"合理、不吃亏"。

　　倘若小贩要价稍高，顾客会立刻放下菜品；若是价格适当，顾客们付钱后也总要捎上点不花钱的葱或者香菜，这才心满意足地离开。无论是何种形态的场景，整个菜市场充斥着的规则是：我的付出与我的收获——合理、公平、值得。若规则的天平失衡，其中一方必然会上演不甘心的戏码。

　　即使双方已经完成交易，顾客一旦偶然发现更新鲜的菜品或者更实惠的价位，也会不甘心地悻悻而归……若是付了三斤猪肉的价钱，转头发现小贩的秤缺斤少两，那买方一定会不甘心地追讨回来那"几两"。那"几两"意味着：我付出的代价和我得到的商品价值不对等。这会使买方产生难以平复的感受。

　　菜市场的天平秤，恰似我们一生的缩影。我们小心翼翼地在天平的一端放上"辛勤""时间""奋斗""付出"；天平的另一端是我们热忱的"期盼"，这份"期盼"可能是"梦想""事业""家庭""爱人"……工作中每一次埋首伏案，深夜里每一杯应酬的酒，都是因为我们希望换回对应的报酬和职位；在恋爱中我们的每一份付出、每一份牵挂，也希望能换回意中人的互动和爱意；在家庭的琐碎里我们如同陀螺般旋转，只是为了那一份港湾的安稳。我们人生的每一寸就这样有条不紊地进行着，倘若打破这个平衡会发生什么呢？我们又该如何应对？这就是本趟情绪之旅我们要找寻的答案。

第一节　沉没成本的海市蜃楼：及时止损的智慧

　　沉没成本是指由过去决策导致的，以及已经投入而无法挽回的成本。它是抉择的遗迹，包括直接成本和间接成本。比如，我们投入一段感情时，我们为爱牺牲了很多，这种付出可能是情感、时间、金钱等等。所以当一段长久的感情面临触礁、分手时，我们就会犹豫不决拖拖拉拉，这正是因为我们对这份情感付出了沉没成本，这种无法追溯的成本让我们难以割舍。如果放手了，我们失去的青春怎么办？我们在感情里投入的精力不就付诸东流了吗？我们无法接受自己付出了如此多的成本，却只能得到曲终人散的结局。爱的天平一旦失衡，便产生了不甘心。我们不甘心的对象并不是爱的残羹，而是自己为爱付出的那些沉没成本。关于沉没成本对我们决策的影响，李玫瑾教授曾在访谈中谈到一则这样的案例：

一个女孩和大学同窗恋爱并结婚，毕业后两人共同前往一个城市创业。经过不懈努力，两人创业成功，其间育有一子。可惜好景不长，随着财富的增加，男方心态日益膨胀。最终男方背叛了婚姻，与女秘书发展不当关系，致使婚姻破裂。更令人心寒的是，男方不但撤走了创业的公司，也带走了孩子。从此，这个女孩没有了自己的人生，整个生活陷入找前夫、寻孩子、求诉讼的执念里。

案例中真正让这个女孩不甘心而去纠缠的原因是，她投入的前半生的成本，那付出的八年青春成为她余生羁绊的枷锁。所以，不甘心的不只是"余温"，更多的是自己付出的成本。

除了沉没成本以外，还有一种心理也会导致我们产生不甘心的情绪——侥幸心理。"侥幸"是无视事物本身的属性，违背事物发展的客观规律，妄图通过偶然的机遇让事情按照自己的主观意愿发展，这是一种幼稚又懒惰的心理。经历了恋爱马拉松的情侣，他们不甘心的原因，除了投入的沉没成本外，另一个原因是，对感情还抱有一丝侥幸心理。面临分手的抉择时，他们会自欺欺人地幻想：也许我们再磨合一下，就有可能白头偕老。同样，那些在分手后迟迟难以释怀的人，内心深处亦潜伏着这样的念想：倘若当初没有鲁莽地分开，将来我们或许有一点概率能成功。全然忘却若是真的适合，彼此怎么会蹉跎那么多年的时光。这份不甘心无非是想从瓦解的关系中窥探出一丝侥幸的希望。

旁人无法理解赌博成瘾的人为何上桌后迟迟不离开亏损的深渊，

即使倾家荡产、家破人亡也做不到回头是岸。赌博正是利用了人性的侥幸心理。赌徒既舍不得放弃之前输掉的筹码，又抱有侥幸心理：我都输这么多了，总该有机会赢了吧，说不定下一把我就能逆风翻盘赚回来呢，现在走了岂不是更加不甘心。

因此我们会发现：

沉没成本 + 侥幸心理 = 不甘心

其中，沉没成本是过去的投入对我们的影响，侥幸心理是关于将来的妄想对我们的影响。这两种干扰因素导致现在的我们不甘心，丧失螃蟹断臂、壁虎断尾的勇气。上一个式子背后带来的意义是：

过去的干扰因素 + 将来的干扰因素 = 现在不甘心的困扰

经过此番深入的探索，真相已是昭然若揭。那么面对当前的不甘心，我们应当如何妥善应对？

第一，处理过去对我们的干扰。

第二，处理将来对我们的干扰。

这样一来我们就能最大限度与现在的不甘心和解。关于处理过去的干扰因素：我们需要提醒自己"沉没成本"对于现在的困扰是没有价值的，这里既不是让我们放弃沉没成本，也不是不放弃它，而是把沉没成本当作当前决策的无关项。现在所做的决策只是立足于现在状况的权衡。就好像当我们在旅途中发现这是一条错误的道路时，当机立断地调整方向，将现在的目的地作为一个独立的视角，从而判断接下来前进的方向，而不是被先前走过的路所左右。

我们祖父辈身上常出现这样的情况，面对存放过期的昂贵食物，由于想到购买它时所花费的金钱，便硬着头皮吃下去，结果引发肠胃炎。长此以往，过期食物中的霉菌还会增加人体患癌的风险，这些都受沉没成本的影响。所以，过往的沉没成本就是人生股市上已经持续亏损的股票，只有立刻抛售它，才能最大程度地止损。

关于处理将来的干扰因素：侥幸心理会蒙蔽我们的双眼，它的圈套里装着"懒惰"和"抗拒失败"。让人觉得与其脚踏实地经历从头再来的麻烦，不如投机取巧赌一把更轻松。但风险也随之攀升，一旦失败，我们只会更加不甘心。同时"侥幸"也会让我们欺骗自己暂时没有失败。因为我们只要没有停手，就不代表着故事进入结局。正如，在股市里套牢的股民会认为只要他们没有抛售股票，就不算真正亏损，仍有翻红的机会，但他们一旦抛售，那可就是真金白银的损失。

因为舍不得"沉没成本"，又祈祷有"侥幸"的运气，我们只能被困于不甘心里。我们低头看着味同嚼蜡的现状，迟迟不敢前进，担心连这份"味同嚼蜡"都会失去。踌躇于原地的人，既没有精力去争取新的机遇，也没有壮士断腕的勇气，只能徘徊在不甘里。

第二节　损失厌恶的心理博弈：最优的取舍权宜

我们来设想两个场景。场景一，出门时意外捡到一部手机。场景二，出门不慎丢了自己的手机。对比之下，这两个场景哪个让我们情绪波动更大？我想丢失手机的难过，可能比捡到一部他人手机的开心更加强烈，持续时间也更长。这就是损失厌恶心理。欢愉总是短暂的，而损失带来的负面感受却让我们长时间懊恼。为什么会出现这种偏差感呢？

当我们丢失一部手机时，不但意味着失去了原来购买手机支付的费用，还意味着需要再支付一笔购买新手机的费用。这个过程中我们会把损失放大两倍。但是如果捡到一部手机，那我们获得的只是一部手机的价值。所以，我们会更加厌恶损失带来的感受，毕竟人总是趋利避害的。我们再来举一个更加日常的例子。

案例：我们花了 30 元买了一杯咖啡，但不幸的是，这杯咖啡不小心洒掉了。如果我们还想继续享受咖啡，就必须再次支付 30 元重新买一杯。因此，为了得到同样的一杯咖啡，我们前后总共支付了 60 元，简而言之，洒掉咖啡的代价相当于我们购买了两杯咖啡的总价。

1 杯咖啡的实际花费 = 单杯价格 ×2

这让我们对那杯洒掉的咖啡格外耿耿于怀。

这揭示了那些令人难以释怀的事件背后的秘密。假如失去了一份工作，这意味着我们不但失去了原来的工作，还需要找到一份新的工作，这个过程中我们会遭受面试的挑战、试用期的考验、新人的职场困境等；我们失去了一份爱情，这意味着我们不但失去了一个爱人，还需要重新再寻找一个爱人，这个过程中我们又要了解双方家庭、收入、负债、彼此的秉性等情况，评判双方的契合度。换而言之，我们失去某个人、物、事的真实价值和我们感知的价值并不是相等的，我们感受到的价值是其真实价值的两倍。这就导致我们对曾经的人、物、事做出失之偏颇的价值判断。

损失价值 ≠ 我们感知的价值

我们感知的价值 ≥ 真实价值的 2 倍

　　同时还有一个雪上加霜的真相：损失发生的时间点以及我们的需求感也会影响我们对人、物、事价值的客观判断。比如，每当中秋节来临，承载着中秋文化的月饼格外受欢迎，尤其是包装精美的月饼往往价格高昂。从食物本身的价值来看，它是溢价的。然而，当月饼被赋予"中秋明月可赏食"等佳节寓意，一块小小的月饼承载的中式之美，便有了难以估量的价值。可当中秋节一过，各大商场纷纷进行促销活动，月饼价格便会大幅下跌，为什么呢？因为此刻的月饼不再处于需求高峰期，自然没有人再为它高昂的价格买单。

　　同理，我们会在换季的时候抢购打折的衣服。冬天的羽绒服、大衣价格昂贵，陈列在商场最显眼的橱窗里，但是当春季到来时，这些厚重的衣服就会被堆放在打折的花车中。因为这个季节的你并不需要御寒的衣物，羽绒服、大衣的价值就大打折扣。

　　透过这些市场经济现象，反观我们耿耿于怀的人、物、事，或许也因为时间段、自身需求感等因素，我们给它赋予的价值远远高出了其实际的价值，是自己心中的天平给了它虚假的重量。

　　比如，一个姑娘在 22 岁那年失去了挚爱，可能很快就雨过天晴，重新踏上寻爱之旅。但假如她在 32 岁那年失去了挚爱，可能会难以承受。因为受年龄和生育期的限制，她在婚恋市场抗击风险的能力更低，试错成本更高。她所处的人生阶段、周遭催促的影响让她对伴侣的需求度也更高。多种因素的叠加下，这种损失被放大 N 倍，她对爱人价值的评判也远超爱人本身价值。这也许就能解释：为什么我们看到有些人会对明明不合适的人难以忘怀，会对过往感情经历难以释怀。

　　同理，刚毕业不久的二十多岁的年轻人，失去了第一份工作，对他来讲并非什么大事，毕竟这放在整个青春期都只是微小的创伤。但倘若一个上有老下有小的中年人失去同样的一份工作，事情可就不这么轻松，后续家庭支出的重担会让他心力交瘁，失去工作对他而言就是一个巨大的创伤。重新学习技能，再找到一份合适的工作对中年人来讲如同经历一场"大手术"。同样的一份工作，青年和中年阶段对它的价值评判迥异，产生的不甘心情绪也天差地别。

新时代的个体不再受性别和年龄的过多束缚，许多在职场拼搏创业的中年人也会大有作为。我们在此仅探讨部分可能存在的干扰因素。

第三节 一致性心理效应：调适微妙的"平衡"

脑科学冷知识

"人们有一种内在的动机，就是维护和保持他们内心行为的一致性。"人类是群居动物，我们的祖先希望维持惯性、稳定地生活，从而更好地融入群体。在现代社会，"惯性"也能让我们一直在道德框架内行事，有利于社会稳定。

这种保持一致性的驱动力，促使我们无论在态度、语言还是行为上都尽可能地保持协调统一。倘若打破了这种一致性，产生的冲突感会让人想要重新调整，以消除矛盾、恢复平衡。这或许就是部分"不甘心"情绪产生的缘由。在亲密关系里，当过往的美好在鸡毛蒜皮的争吵中消逝，为了维持关系的"惯性"，我们的内心可能会辩解："他原本是温文尔雅的人，一定是因为压力太大了才这样。""一定是因为我的得理不饶人才让他变得如此难看。"此时这个人的状态和我们认知中的形象产生了强烈冲突，我们往往通过调整自己的想法来继续保持平衡。我们的不甘心可能只是想逃避这种冲突感带来的不适，企图待在"原地"，通过调解、整合来维持稳定的状态。

电影《我经过风暴》中那位饱受家暴之苦的妻子，面对破碎的婚姻，却迟迟未能迈出离婚那一步。除了想给孩子一个完整的家外，她还提道："恋爱三年里，他对我很好，对我家人也很好。"因此，丈夫初次出现暴力行为时，妻子会在心里为丈夫辩解：这只是丈夫的无心之失，这只是个意外，丈夫还会变回那个自己熟悉的形象，只要他不再动手，这个家就可以持续下去。看起来妻子是在为丈夫开脱，实则是不愿意承受内心信念和残酷现实之间的矛盾冲突，所以说服自己，对方一定也有他的苦衷。这样妻子仍能沉迷在对方以往的形象中，也能让保持惯性生活的愿望得以实现。很多时候，我们的不甘心只是迫切想回到曾经的状态，才对"水中月""镜中花"念念不忘。

如果将我们的境况比作一条已经脱离原本运行轨道的火车，那么"不甘心的心理"只会是一条看似指向归途实则虚无缥缈的轨道。

第四节　蔡加尼克效应的未完待续：结束亦是开始

心理学领域里有一个现象 ——"蔡加尼克效应"，又称为"未完成事件效应"。蔡加尼克是苏联的心理学家，她通过实验证明了人类心理的一个有趣特征：相较于已经完结的事情，人们对尚未完成的事情的记忆更深刻。我们先来看看，实验是如何实施的：

随机选取不同的被试者，让被试者做 22 个简单的任务，比如：写下一首你喜欢的诗、从 55 倒数到 17、把一些颜色和形状不同的珠子按一定的规则用线穿起来等。在这些任务中，有一半任务允许做完，另一半任务在没有做完时就被迫终止。允许完成的任务和未完成的任务随机出现。

结束后，立刻让被试者回忆做了哪 22 个任务。结果显示，未完成任务的回忆率是 68%，而已完成任务的回忆率是 43%。这项实验向大众揭示：尚未处理完结的事项比已处理完结的事项，更让我们难以忘怀。

很多时候，我们没有意识到自己正在被这种"蔡加尼克效应"带来的不甘心所利用。譬如，对玩了很久但没有通关的游戏，我们会充钱升级装备直到通关才罢休；聪明的商家让听歌软件只提供歌曲的前半段，我们若是要听完整首歌曲则需要充值会员；某些阅读 APP 在我们正读得意犹未尽时，却提示接下来的内容是会员权益；我们追剧的时候，第一、二集刚被代入故事情节，接下来就只能等待更新。明明只有十五集的韩剧一周却只更新一集，接下来的一周时间里我们会怎样？我们会一直兴奋又紧张地等待剧情的更新，整整一周的时间里都在和同事们讨论剧情可能的走向，时刻惦记影视剧的更新时间，一旦更新完毕，我们还可能会熬夜追完此剧。这些就是未完成事件的魔力。

从大脑的运作机制来看，它可能更倾向于将事情处理完毕，未完成的事情会激发大脑产生完成这件事情的动力，驱使我们采取行动。如果迟迟没有将事情办理完结，我们的大脑会持续处于一种紧张的状态，没法放松。因此，大脑会经常浮现出这件未完待续的事情。

对于已完成的事项，我们的大脑则没有这种驱动力，当想完成事情的动机已经被满足，放松下来的大脑就会把这一事项搁置起来。学生时代，我们都有未完成作业就开始看动画片的经历，在整个过程中，我们会时不时地想起未完成的作业。若是一鼓作气写完作业再看动画片，我们就会更加全神贯注地盯着电视，大脑里不会再出现作业的事情。再仔细想想，那些留下悬念的电影，一些开放性结局的文学作品，是不是比圆满的大结局更让人难忘？倘若是一个皆大欢喜的结尾，观影者或读者往往心满意足地离开，而不是愤愤不平难以释怀。

蔡加尼克效应和不甘心的联系是什么呢？当我们了解了蔡加尼克效应后，就能明白某一类"不甘心"情绪的真相。当然，并不是说所有的"不甘心"都来自蔡加尼克效应，但不可否认的是，有一部分的情绪正是被这种效应所影响。

网络上有一种很流行的说法叫"断崖式分手"，它是指恋爱中的一方对另一方采用一种毫无征兆的、决断性强的分手方式。昨天还在你侬我侬的恋人，今天就强制切断了和另一半的所有联系方式。这会使被分手的一方产生震惊和质疑。因此，被分手的一方就会形成"未完成事件"，心底突然多出一块没有答案的空白。或者提出分手的一方突然向被分手方抛出一个难以解决的借口，且不给任何商量余地和处理方案便消失不见。这会使被迫接受的一方滋生强烈的不甘心情绪，迫切想要寻求答案。"断崖式分手"对于被分手方是非常痛苦和残忍的，这背后的真相是：提出分手的那个人很早就在心里做出权衡和判断，并渐渐抽离这段亲密关系。也就是说，想离开的那方是有准备地处理了分开的事项，对于想离开的人而言这是一个有筹划的完结事件。而被分手方呢？则会爆发一种强烈的屈辱、被骗、困惑的情感，这种拦腰截断的情感依恋往往很长时间都难以释怀，甚至会对将来的情感生活造成负面影响。

《奇葩说》里的一位辩手范湉湉讲过难以释怀的事情："分手那天，前任没有告知我。现在回忆起来，如果早知道那一天是我们最后一次见面，我希望能够穿得漂亮一点，我只想你以后想到我的时候，最后一面是化好妆、穿好衣服的样子，而不是挠肚子、抠牙的窘态，这样给了我一种自我否定，一种摧毁性的打击。"倘若那天范湉湉也做好了准备，讲完了所有的话，虽然结局依旧，但不会让她抱有遗憾，难以心安。

如何处理"蔡加尼克效应（未完成事件）"带来的不甘心？首先，我们已经了解了蔡加尼克效应的产生原理，这会使遭遇"断崖"的我们在心理上稍微镇定些。我们不是特例，我们的情绪不过是符合常规的人性弱点，所有人遇到这种遭遇都会心生不甘，看清这个真相已经让我们安心了一些。

其次，我们要明白有些未完成事件的背后，是一场有准备的撤离，并不是突发的状况，"突发"只是借口，只是对我们而言的状态。

了解背后真相的我们就不用再苦苦追寻答案了。真相暴露出来，本身就是一种疗愈。但如果我们看到暴露的本质后仍然无法释怀，就需要采取一些措施来调节这种心理。

这里简单分享一些缓解情绪的方法。比如：我们可以写一封很长的道别信，把心里未倾诉的话一吐为快。再或者，我们可以找到一把椅子，想象椅子上坐着让我们难以释怀的人，我们可以对着椅子抒发情感进行告别。也可以交换位置，我们坐到对面的椅子上，假设自己就是对方（角色扮演），替对方把未告知的缘由说出来，等等。

下面我们通过一个案例，来阐述如何使用以上方法：

E 与 F 是好朋友，却因一个误会而渐行渐远。E 心中始终对那段未解的友情难以释怀。为了处理这种情绪，在咨询师的建议下，E 决定尝试上述方法之一。E 在信纸上写下对 F 的思念、那些因误会而未能说出口的话以及对这段友情的珍视。信中，他回忆了两人共同度过的美好时光，表达了对误会的遗憾，同时也表示理解人生路上的聚散离合，希望 F 无论身在何方都能快乐。最后，E 以一句温暖的祝福作为结尾，为过去的自己和这段友情做一次告别。

通过这样的方式，E 将积压在心中的情感倾泻而出，感到了一种前所未有的轻松和释怀。虽然两人或许无法再回到从前，但 E 通过这种方法让自己的内心得到了安慰。

总之，这些行为的目的在于创造一种"仪式感"，从行动上将这个未完成事件转化为完成事件。

第五节　真、假不甘心的辨识游戏：内心的诚实与对话

虚幻和真实恰如双生镜像

映照出"我"的双重模样

虚幻之镜映照理想的"我"

现实之镜呈现瑕疵的"我"

"不甘心情绪"沿镜边滋长

比较与怨怼终为泡影一场

通常我们认为"不甘心"的情绪，源于一个人在某些方面倾尽全力的付出，却没有得到相应回报，从而产生了难以接受的情感冲突。其实并不是所有的"不甘心"都是源于这种实际付出后的委屈。"不甘心"的情绪有两种：一种是"真性不甘心"，另一种是"假性不甘心"。"真性不甘心"的确是自己付出的价值未能换得理想结果而引发的遗憾，是付出与收获间失衡状态的直接反映。

而"假性不甘心"，实则是幻想的不甘心，它源自一种不切实际的比较心态。只是个体单纯地羡慕别人拥有而自己缺乏的优势，并理所当然地认为自己应该和别人享有同等权益，从而产生的欲望心理。这是一种由"贪婪"藤蔓和"嫉妒"藤蔓结出的"假性不甘心"之果，是对自我认知的扭曲。这两种不甘心成因各异，就像异卵双生子一样有着不同的特质。

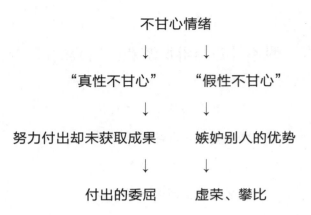

寒窗苦读的学生，最后在高考一锤定音的时候发挥失常，和梦想中的大学失之交臂，这种"不甘心"是由真实事件导致。他们在这件事情上切实地有所"耕耘"，但未能得偿所愿，这确实是件遗憾的事。又如勤勤恳恳工作的人，却在提拔的关键时刻出现了纰漏，导致错失机遇，心中难以释怀，这也是真实事件导致的不甘心，是对每天早出晚归工作而没有获得相应回报的惋惜。

如何面对"真性不甘心"？阴差阳错的无奈，让我们产生命运不济的感觉。我们不妨暂时停下，释放一下那份难过。人在黑暗中只是一味地摸索前进，未必能找到正确的出口，不如稍作调整。这里分享一种"转移替代法"，来冲淡这份不甘心。

中国有句俗语："赌场失意，情场得意。"意思是人在一方面失去，就会在另一方面得到。比如：学业失利的我们，可以去学习一门技能，当我们在另一个崭新的领域取得成就时，当初学业上的不甘心便会被新领域的成功所替代，正所谓"塞翁失马，焉知非福"。

案例：5·12四川汶川地震的幸存者廖智，原本是一位舞者，被废墟掩埋26小时，为了生存，不得不截去双腿。对于一位舞者而言，双腿就像是鸟儿翱翔苍穹的翅膀，鱼儿在水中穿梭嬉戏的尾巴。这场灾难让灵动的舞蹈精灵留在了那片废墟上。同时地震夺走了廖智的女儿。地震后，丈夫看着残疾的廖智提出了离婚。一系列的灾难让廖智连躲起来的避风港也没有了。廖智也曾在那段日子里感到悲痛和不甘心，为何命运的残酷会落在一个热爱生活的人身上。如今十几年过去了，廖智没有沉沦于过往的阴霾，虽然无法成为职业舞者，但不言弃的她早已扬帆起航，踏上了新的人生旅程。

廖智的现任丈夫查尔斯是一位假肢工程师，查尔斯因给廖智制作假肢，与其相识、相知、相恋。离开职业舞者身份的廖智，和现任丈夫携手并进，创办了残障工作室"晨星之家"，并生育了一儿一女。对廖智而言，没有了灵活的双腿就用假肢替代。失去了舞者职业，就用更多的残障公益代替对舞蹈事业的热爱。廖智正是用更丰富的人生探索，包容了那份不公平，释怀了那份不甘心。

高考失利的马云，去肯德基面试，却因相貌问题被拒之门外。马云另辟蹊径创业，三十余载砥砺前行，马云旗下的公司联合收购了肯德基在中国的业务，算是给三十多年前那份"闭门羹"画上了句号。你看，永不言弃的人总是有能力将"失落与不甘心"扎成一枚崭新的蝴蝶结！

不甘心就是阳光背后的影子，它追不上创造新生活的步履，当新生活的阳光照进往昔创伤时，不甘心的阴影就再也无处遁形。如果我们正难以卸下不甘心，不妨尝试本节分享的"转移替代法"，把遗憾转化为另一种成就。当我们受挫时，尝试将注意力转到其他的领域。

新事物带来的愉悦感会替代旧事物的愉悦感，久而久之，我们也就不再被过往所困。比如：恋爱时分泌的多巴胺会带给人无比美妙的体验，而爱人的离去也带走了这份多巴胺的快乐。假如失恋者能有幸找到新的恋人，重新产生的多巴胺自然会替代掉过往的不甘心。但大多数人未必能在短暂的时间里找到适合的缘分。那不如换个方法，去寻找一份事业、一份爱好。只要能寻求到一处新的人生落脚点，并为之努力，看见自己一点一点变得更好，持续的成就感会产生内啡肽，内啡肽带来的舒适、宁静，会不知不觉替代缺失的爱情多巴胺。新领域的成功甚至会让我们感叹命运是最好的安排，为了让自己找到更适合自己的角色。

我们再来看看与此相似的另一种情绪——"假性不甘心"，它是没有任何实质性的付出，却滋生的对他人优越境遇的莫名不服气，是一份由嫉妒心理催生的情绪波澜，是虚荣心和攀比心不合逻辑的产物。曾很火爆的一档相亲交友节目里就出现过这样的案例。

案例：女嘉宾王某在节目中牵手了一位条件不错的男嘉宾，节目结束后，两人无疾而终。这时候伤心的王某遇到了一个条件普通的男人，男人只是银行的小职员，但对她关怀备至。或许是需要疗愈，或许是为逃离孤单落寞，王某很快就与其结婚并且怀有身孕。偶然的机会，王某发现当初同台的女嘉宾都嫁得很好，不是富豪就是位高权重的人，她的心里产生了不甘心，认为自己应该和她们一样，过得衣食无忧。看着平庸的丈夫，这种不甘心如同心魔一般日日膨胀，最终在一个夜晚，王某挥刀酿成悲剧。

王某的不甘心情绪就是假性不甘心。这种不甘心并非来源于王某对家庭付出的失望，而是她在攀比时勾勒出的虚幻图景，认为自己应该嫁得更好。王某秉持着"他人有之，我亦当得"的逻辑，认为如果她没有获得一样的婚嫁待遇就是不公平。而事实上，这种不公平是滑稽的闹剧。我们应珍惜自己现在所拥有的，而不是将眼光聚焦在不属于自己的事物上。案例当中的王某没有珍惜体贴入微的丈夫和温馨的小日子，反而沉浸在不切实际的幻想世界里，最终酿成悲剧。

生活中不乏类似情况。有些长相普通的女孩子面对漂亮的女孩子，也可能会产生来自雌竞的不甘心，凭什么她有大大的眼睛、高高的鼻梁，而自己在基因的随机编排下，面容未能如愿以偿地精致动人。身高欠佳的男孩会对身高挺拔的男孩产生不甘心，凭什么他能如此高大帅气赢得姑娘青睐？这种不甘心的情绪源自自我认知的偏差。每个人都对自我抱有最美好的期待，但期待与现实偏差太大，不甘心也就凭空捏造出来了，像是一道自己设置的无解题目。

如何面对"假性不甘心"呢？对于第二种幻想的不甘心，归根结底是想要的太多，而自己却没有足够的能力去满足虚荣，从而产生的怨恨。世上美好的事物层出不穷，攀比这座大山永远没有尽头，这种虚妄的不甘心会造成无限循环的内耗。因为即使我们得到了一样优势，总会看到更好的优势，无穷无尽……那该如何面对这种不甘心呢？

第一，对自我的价值、能力重新进行评估，再根据评估结果制定合理的目标，凡事量力而行，减少挫败感。

第二，在作比较时，不只聚焦于自己不具备的优势，珍视自己的长处。不要总用自己的短板和别人的长处较劲。所谓人有十指，各有所长，不必事事求全。

　　第三，改变参照系。在时光轴上纵向地进行比较，将现在的我和曾经的我作比较，而不是在一个时间点上横向地和他人比较，减少外界刺激。总是着眼于别人会丧失自我，更容易产生失衡的心态。而将超越曾经的自己作为目标，我们就会为每一次向上攀爬的自己喝彩。

　　苏格拉底曾安排了一项任务，让弟子穿过麦田选择最大的麦穗。规则是只有一次机会，不许回头。弟子在麦田里左顾右盼找到一根不错的麦穗，却很快发现还有更大的麦穗，弟子便扔掉了之前的那根。就这样弟子在金色的麦浪里精挑细选。一路上一直不甘心于手中找到的这根，总觉得前方还有更大的麦穗。当弟子抬头的时候，发现已经走出了那片麦田，而自己却两手空空。

　　瞧，即使给了我们一片麦田，欲望带来的不甘心也会导致我们视而不见。真的有那支最大的"麦穗"吗？什么算最大？是体积还是重量？

　　第一，没有最大的"麦穗"，只有最适合自己的"麦穗"。

　　第二，没有前方的"麦穗"，请着眼于眼前的这支，抓住手里已有的"麦穗"。

"不甘心情绪"的处理方法

↓

事件导致的"真性"不甘心　　　认知偏差导致的"假性"不甘心

↓　　　　　　　　　　　　↓

替代法：创造其他价值　　　审视法：重建自我认知、选择合理

参照对象、调整期待

第六节　原地踏步的"不甘心"：
利用 ABC 模式唤醒动力

我曾独自开车数小时，前往蜀南竹海寻找当地有名的七彩飞瀑。只为一睹翠绿竹海间悬挂一道银河的风采。当我满怀期待到达目的地时，却被警示牌无情地告知：由于道路修缮，通往飞瀑的道路已禁止通行。兴致勃勃的旅程戛然而止，我最终也没能领略它的魅力。开车数小时的疲惫让我十分不甘心，但也只能无奈而归。直到有一天，我站在蔚为壮观的黄果树瀑布前，那次错过"七彩飞瀑"的不甘心便消散在"黄果树瀑布"的奔腾咆哮里，黄果树瀑布磅礴的气势，彻底覆盖了我对其他瀑布的期待。那一刻，我意识到：人们对过往某一事物的耿耿于怀，或许只是因为尚未邂逅更为美好的事物。

在职场上，我们被强劲的竞争对手击败，错失了本应到手的胜利。若是我们一直像祥林嫂一样喋喋不休、止步不前，我们和对手之间的差距只会越来越大，不甘心也会愈发强烈。人生恰如一条不可逆的风景线，如果我们不去寻找下一处更绚烂的景色，那些曾在人生里飞驰而过的"风景"，便会成为我们再也无法触及的存在。那道"风景"越是美好，我们越是怀念与不甘心。

案例：G 是一位在专业领域里很有实力的员工，在一次重要的项目中，G 和另一个竞争对手都提交了详尽的方案。G 凭借其深厚的技术功底，其方案在技术上无疑更胜一筹，但竞争对手却巧妙地利用了他在公司内部的资源，成功地说服了管理层采纳了他的方案。这次失利对 G 来说是一个巨大的打击。他开始怀疑自己的能力和价值，认为即使再努力，也敌不过那些懂得"打人情牌"的人。渐渐地，G 失去了往日的工作热情，开始在工作中消极应对，不再主动承担重任，也不再追求专业技术上的突破。

随着时间的推移，G 发现周围的同事，包括当初击败他的对手在内，在工作上都变得更加优秀。而自己曾经引以为傲的专业技能却停滞不前。G 心中的不甘心和愤懑日益加剧，开始频繁地抱怨公司的不公、制度的缺陷，甚至开始质疑自己当初选择这份职业的决定。

诚然，故事中的 G 遭遇了职场潜规则，但他日益膨胀的"不甘心"情绪，已由最初的事件泛化至整个职业生涯。也许当初只是遗憾，但现在与同事的差距让他愤愤不平。面对失利，如果我们一直在原地踏步，不去闯入更广阔的天地，曾经的人、物、事就会成为我们人生价值的天花板。我们不可能再遇到比其更好的事物，自然就会对过往难以割舍。

事情本身并无绝对的"好与坏"，其最终的走向，取决于我们与这个事情后续的联结方式。如果说 A 是事件本身，C 是事件所引发的终极效应，即好或坏的结果，那么 A 与 C 之间还隐匿了一个作为衔接的桥梁 B，而这个 B 就是我们后续选择面对事件 A 的态度和行为。在这个逻辑关系中，B 不仅是联结 A 与 C 的纽带，更是影响事件走向的关键。

故事中的主角选择"原地踏步"，最终就会导致消极的结果，从而难以释怀。如果故事中的主角选择积极的方式应对这次职场的不公，这一原本可能激发"不甘心"情绪的境遇 A，或将转化为积极的催化剂，最后这个事件就不会激发"不甘心"的情绪。

$$A（事件）→ B（我们的态度、行为）→ C（结果）$$

真正决定 C 的，并不是我们以为的 A，而是作为中间桥梁选择如何应对的 B：

$$积极的 B 策略 → 积极的 C 结果$$

$$消极的 B 策略 → 消极的 C 结果$$

化解"不甘心"情绪最好的办法，是看到更高的天花板，不要让最初的刺激事件泛化。当我们努力冲破曾经的人生低谷，站在人生的更高处，再俯视曾经的那座山峰，便觉得它也不过如此，那份不甘心早已烟消云散。

第七节　月晕效应下的不甘心：明晰事件的真相

月亮的光辉透过云层，经过折射，在月亮的周围形成一个光圈，这就是月晕。我们对人和事物的认知也会发生类似的"月晕现象"。我们会因为看见别人身上一个优秀的品质，从而以偏概全地认为他是一个不错的人。当我们在地铁上看见一位文质彬彬的男士给老人让座时，就会认为他一定是一个有教养、受过良好教育、尊重他人、善良优秀的人。当我们看见一位女士给流浪小狗喂食物时，也会认为她是一个有爱心、乐于奉献、温柔细腻的人。反之，如果我们看见一个满身文身的人，可能会认为他不是一个脚踏实地、谦逊内敛的人，这就是月晕效应。虽然"月晕"二字听起来很美，但并非所有的月晕效应都是美好的。以下这个案例，就是此效应引发的悲剧。

案例：这是一起网络暴力导致的恶性案件，热爱音乐的女孩通过努力保送了研究生，爱美的她在网络上分享了一张自己将头发染成粉色的照片。没想到这头粉色的长发成了她人生的梦魇。网络上的键盘侠纷纷指责她是红毛怪、不正经、不检点，甚至污蔑她是陪酒女等。不堪网暴的她最终结束了自己如花的生命。

案例中的网络舆论就是一个月晕效应的反面例子，仅凭一个超出大家认知范围的发色，大家就相信了造谣者的不实言论。

我们的大脑好像总是有自行填补的功能：看见洁白的床单就会联想到干净整洁，所以酒店的用品大多采用白色；超市卖肉的柜台大多喜欢偏红的灯光，因为鲜红的肉质让人产生食材新鲜的感受。看见一段"花絮"，大脑就会脑补出整个"剧情"。

月晕效应与"不甘心"情绪的联系：我在学吉他的时候，有一首特别有魅力的曲子，给我留下了深刻的印象。它是著名的英国民谣《绿袖子》（*Greensleeves*），此曲由长笛演奏家英王亨利八世创作而成。创作这首曲子的起因是：亨利八世在郊外骑马时，偶遇一位平民姑娘。两人四目相对的一刻，阳光洒在姑娘的绿袖衣衫上，姑娘明媚得像一位天使。但因姑娘不愿嫁入王室，两人便再无相见。此后的英王亨利八世纵使阅尽无数美女都觉得索然无味，一生都在不甘心中苦苦等待着那位绿袖子的姑娘，甚至命令宫廷里所有人穿上相似的绿袖衫，以解自己对伊人的相思之苦。

亨利八世本是一位花花公子，却能弱水三千，只"思"一瓢饮，这就是月晕效应。阳光在绿衫上跳动，给绿衫洒上了明艳的色泽，也给姑娘镶上了一层柔和的光晕，亨利八世将世间所有的真、善、美都投射在这位平民姑娘的身上。"得不到的永远在骚动"，渐渐地，那位姑娘在亨利八世心中被描绘成了美神维纳斯，风流王室之子才会如此不甘心。最终亨利八世将这份不甘心创作成民谣 *Greensleeves*，一直流传至今。每次弹奏此曲，婉转凄美的音调都在诉说着对斯人的追寻……

中国有句俗语："一好百好，一差百差。"我们之所以放不下那个人、物、事，是因为我们只看到了它美好的那一角，便以为那就是全部。若是那个绿衣衫的姑娘真成了亨利八世的"囊中私物"，朝夕相处的摩擦打破了月晕效应，亨利八世和姑娘可能没几年就彼此厌烦，也就不会有流传至今的名曲。

如果我们仍因月晕效应心怀不甘，来看看下面这个打破月晕效应的"才子佳人"的故事。

台湾作家李敖只因在聚会中对演员胡因梦的惊鸿一瞥，就为其倾倒。于是，李敖对已经交往两年的女友刘会云说："我爱你是百分之百，但我爱胡因梦是千分之千，请你回避一下。"便斥资把女友送出国。分手后的李敖开始追求胡因梦，李敖曾说："胡因梦是那种在人群中很抢眼的人，一群人中，你的眼睛只会被她吸引，只要她在那里，就满目生辉。"当时的胡因梦有"台湾第一美人"之称，她从辅仁大学退学时，校内曾流传过这么一句话"她走了，从此辅仁大学没有了春天"，可见她曾令万千男人魂牵梦绕。李敖抱着不得美人不罢休的心态发起追求攻势，而胡因梦也十分仰慕李敖的才华。最终，两人喜结连理。可这段才子佳人的婚姻却仅仅维持了三个月。婚后的李敖说：

"一次我推开没有关好的厕所门，看见胡因梦蹲在马桶上，因便秘而涨红的脸，我感到很失望。"为此李敖还留下了"美人便秘，与常人无异"的怪诞言论。而胡因梦在后来的采访中也谈道："李敖早期是自己非常崇拜的才子，是一个有勇气、独立思考、敢于做自己的人。但真正相处下来竟然发现他性格中有那么多纠结之处，并且对待他人财产也不诚实。"胡因梦甚至没想到一位文人竟如此暴躁，自己没有按他的要求烹饪排骨，他都会跳脚。

才子和佳人间曾经"千分之千的爱"荡然无存，那"满目生辉"的完美滤镜彻底碎掉。所谓"距离产生美"，那些朦胧美大概就是月晕效应的功劳，让人难以忘怀。一旦朝夕相处、同床共枕，瑕疵就会暴露，也就没有那么令人难以忘却了。

月晕效应是一种认知错觉，让我们以偏概全，就好像月亮在冰晶的折射下形成的那一圈不真实的光晕。从童年起，我们就在受这种错觉的影响，童话书里的白雪公主被描绘得肤白貌美，而给她毒苹果的巫婆则是尖酸刻薄的面相。美好的外表被赋予积极人设，而丑陋的外表则代表着负面人设。这就是认知错觉。灰姑娘拥有能穿进水晶鞋的纤细玉足，她那些虚荣的姐姐们却长着肥胖硕大的脚，无法通过水晶鞋的测试。你看从幼年构建的认知里，肌肤洁白如雪的会被设定成心地纯善的公主，双脚小巧漂亮的就应该是勤劳勇敢的化身，而那些形象丑陋的就应该带着肮脏的人格。

2023 年，迪士尼翻拍真人版童话故事《小美人鱼》，并一反常规操作，选择了一位颜值不算特别惊艳的女演员饰演女主角美人鱼。而反派角色王子的未婚妻，则选择了一位美艳的女演员担任。尽管两位演员都通过专业的演技，很好地诠释了剧中人物应有的品质，但影片上映后的反响却不容乐观。统计数据显示，对该部电影的好评屈指可数，但对电影的吐槽却铺天盖地。不少观众表示，自己不太能接受这种演员安排，他们认为反派过于美艳的面孔，让人无法接受她拥有歹毒的心肠。甚至有观众表示想支持反派，总觉得这张美丽皮囊下的反派一定另有委屈苦衷。最终，这部电影可能成为迪士尼真人版电影票房最低的一部。当然对这部电影的评价还涉及种族争议和对英国王室的言论等，此处仅讨论月晕效应的这一部分。生活中经常听到"三观跟着五官走""颜值即正义"，我们总是会因为一个人某方面的特质给其加持"光环"，这层光环不正是月亮被云层折射的光晕吗？

如何处理月晕效应带来的不甘心？ 月晕效应也有有利的一面，比如，我们可以利用月晕效应给别人留下良好的印象，有利于人际关系处理。再比如，正是我们大脑这种以点概面的功能创造了很多绝妙的艺术作品等。但如果月晕效应带来的是桎梏，那我们可能就需要尝试调整一下。

第一，破除固有思维。我们每个人对外界的判断有一套自己相对固定的体系。这种体系受过往传统观念的影响，譬如，提到老师就会想到辛勤的园丁，谈及医生就想到白衣天使，这些如同条件反射般的固化思维像一套既定程序，让我们难以摆脱过往认知系统的束缚，倘若那些别有用心者，运用人们过往固有认知的躯壳，玩起偷梁换柱的花招，那我们就很容易被利用。婚恋市场上的"杀猪盘"就是利用名表、豪车打造高质量人设，从而进行招摇撞骗。

第二，防止以点代面。诗人们因为文学创作的需要，看见一株小草，感叹感受到了整个春天；折一枝金桂，就拥有了整个秋天。这是主观的创造。但在生活中，如果我们对待事情也是如此，容易造成对事物片面的解读，形成未知全貌就下结论的局面。

第三，注重个体特性。"世界上没有两片相同的叶子"，虽然事物间彼此有很多共性，但它们也各有特点。树叶是它们的共同属性，但每个叶片的棱角、纹路、大小却大有差别。不要因为事物的共性而将不同的特点混为一谈。比如，成绩优异的学生，更容易被赋予德智体美全面发展的光环；而成绩逊色的学生，总让人认为调皮捣蛋。正是这种忽视差异的心理，催生月晕效应。

归纳事物的共性又尊重各自的差异，可能才是更立体丰满的思考方式，即"各美其美，美美与共"。目前，我国公务员的面试打分机制也很好地诠释了这一点，面试官不能在第一个考生面试结束时进行打分，而是等三位考生面试结束后，才能根据他们的表现进行统一打分。这种打分机制避免了受第一个考生答题水平的影响，使考官产生先入为主的思想来估算整个考生群体的质量，从而导致考官片面的判断。因此，这种打分机制既防止了对第一个考生的不公平，也防止了对其他考生有失公正的评判。

分享一个日常练习，可以有效规避"以偏概全"的思维陷阱：在生活中尝试从不同的角度描述同一个人、物、事，从而养成从不同视角对同一事物进行评判的习惯。具体操作方法如下：

"他是一个工作很努力的人，那他一定很有责任心。"这就是以点概面的评价，换个角度看："他是一个工作很努力的人，但他在家庭事务上有所缺席。"

"他总是加班很晚，说明他真是上进。"多角度看待的评价应该是："他总是加班很晚，可能因为他时间规划不够合理。"

"他爱帮助大家，他简直太善良了。"多角度描述他："他看起来总是帮助别人，可能不太懂得拒绝他人。""别人真的为他的每一次插手帮助而开心吗？""他是否很需要从他人的表扬中找到自我？"

"他很能顾及每一个人的情绪，真是一个高情商的人。"试试从别的角度观察："他顾及别人的情绪，因为他是讨好型人格。""他总是优先照顾别人，那他是否忽视了自己的舒适度？"等等。

"月晕效应"这一心理学现象，让人难以窥见事物的全貌，进一步加剧了自以为是的"遗憾"。当我们的判断与感知因某一显著特征而偏离了客观真实，容易留下诸多不甘心与误解。

任何事物都是一个魔方，我们看到的只是面向自己这面的颜色，而其他视角看到的会是不同的色彩。红色的面是魔方，蓝色的也是，黄色、白色的都是它。从不同角度描述事物的练习会让我们摆脱月晕效应，看到一个更立体丰富的世界。

脑科学冷知识

日常练习"从多角度描述同一事物"的方法，能跳出片面认知的牢笼，削弱月晕效应的遗憾影响，减少月晕效应带来的不甘心。

第八节　自我论证的圈套：辨析思维陷阱

前段时间，我的母亲忙于房屋装修，在购买家具时面临了选择困难。她在统一和谐的原木色单色家具系列和原木色与白色搭配的双色方案间举棋不定。最后她一拍脑门，选择了色调更统一的单色家具。

当定制家具安装完成后，母亲渐渐发觉，满屋的单一色彩虽显沉稳，却也不免让空间氛围略显呆板，缺少了预期的灵动与丰富的层次感，而此时按照房屋尺寸定制的家具已不许退换。你猜，接下来发生了什么？

母亲进行了一场精彩的自我论证。面对无法更换的家具，为了证明选择是"正确"的，她会细数单色家具的种种优势来安慰自己："单色家具样式更节约朴素，不易过时""单色家具价格比双色家具更划算""单色家具更方便后续的家居装饰，无论是何种色彩或风格的配饰，都能融合"……

甚至为了强化选择的合理性，她企图寻找双色家具的弊端："双色家具白色的部分，随着使用时长的增加更容易变色""白色部分更容易被弄脏，我可不想总是擦拭它""这种撞色的搭配，没准过几年就过时了呢"……母亲的自我安慰，正是我们要探讨的个体自我论证的过程。

当我们产生一个想法或者做出一个决定后，往往倾向于努力证明它的正确性，并希望得到更多相关的积极信息。这是因为我们每个人都需要被认同、被包容、被支持，需要增强自我认可。

我们每天都会涌现很多想法念头，也会面临诸多选择，我们需要从中挑选一个并付诸行动。就像在硕果累累的果园里摘苹果，我们希望自己在众多的苹果中选择摘下的那颗，是最可口的果子。所以，我们总会证明自己的决定是无误的，因为没有人希望自己所做的任何决定、蹦出的任何念头是一个"烂苹果"。

那些深深扎根于内心的"不甘心"，也可能是我们为了证明自己思想、行为的正确性，通过不停地"自我论证"而产生的固执念头。如果能证明我们的观点是对的，就代表着过去的我们不是愚钝的，而是聪慧的。因此，为了确保观点的正确性，我们需要开展一次次的循环论证以增强自我认可度。

在这个"自我论证"过程中，我们会有意识地搜集支持我们观念的碎片化信息，对与我们观点相悖的信息充耳不闻。恰似在沙滩上拾贝壳，贝壳就是我们唯一认准的"观念"，捡拾的过程中我们对周围彩色的珊瑚、漂亮的石子视而不见。

随着这一选择性认知的深入，我们的观念愈发坚固。最终形成一种鸡生蛋、蛋生鸡的循环，演变成一个个不甘心的执念。

就像我的母亲为证明"购买单色家具"是正确的，会在众多理由中找到支持她的论据。她甚至跟我说："无论是服饰还是包类，各类品牌的经典款皆是纯色系列，说明纯色更加经典耐看。"她通过这些例子，试图证实选择单色家具的合理性。哪怕是再小的碎片信息，此刻仿佛都闪烁着光芒，被她捕捉来增强自己观点的说服力。

支持我们的论据就像是水晶熠熠生辉，而背道而驰的论据在我们眼里就是块破玻璃。那些我们锲而不舍的执着，是否也正是因为我们被人性里"自我认证"的特点所拿捏呢？

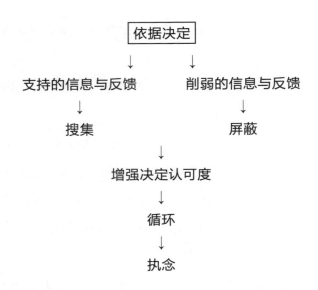

自我认证的问题出在哪里？此论述中隐含的逻辑路径值得商榷。我们"自我论证"的过程是：1. 先有了某个特定的选择结果；2. 再根据这个结果，寻找有利的论据。这一过程的潜在风险在于，若我们初始的论点，本身就不是最优选项甚至是错误的，那我们岂不是在竭力论证不合适的答案的合理性？这种"先果后因"的论证方式，是先有了论点再去寻找支持，而不是通过严谨的思考与推理得出结论。

有些人执着地深造某个学位，有些人一心要争取到显赫的头衔，有些人是执意挽回某段情感。功名富贵、情感欲望，人的执念各有不同。这里的问题是：我们先认为有了某个学位才能证明自己的学识，有了某个头衔才能彰显成功，有了某段情感才能拥有幸福。我们的视线不由自主地停留在与之相关的种种迹象上：高学历者似乎真的智慧超群，社会地位显赫之人看似无所不能，特定情感模式下的家庭仿佛格外温馨……

逻辑风险：论点（个体的决定）→ 根据论点搜集论据 → 反推论点正确性

这种自我论证方法有益的地方在于：增强自我认可，提升自信，减少自我冲突。然而也存弊端：1.论点是否正确存疑；2.可能对错误论点进行自我论证并执行；3.导致执念产生。我们不能轻易断定这种"逆向推理"的处理方式就是错误的，有时候人生的难题也确实需要以这种方式作答。我们只需要意识到这种"逆向推理"的潜在风险，保持警觉，避免陷入自证陷阱。如此，在执念的困境里，我们就会多一些喘息的空间……

••• 情绪之旅 · 体验·心得 •••

正如开篇所说，"不甘心"情绪往往源于付出的和自认为的回报价值不对等，从而产生的失衡心理。但世间并无"如意秤"，菜市场的天平秤偶尔会缺斤少两，人生的秤未必次次称出欢喜。我们是像买菜那样锱铢必较，紧紧拽着那份不甘心，还是豁达地不被那缺少的"二两"羁绊？全在于自己的选择。生命的长度若是秤杆，不可改变，但生命的重量却靠自己衡量。

情绪收纳盒

本章共探讨了 8 种导致"不甘心"的执念类型，并探寻了与各种执念和解的方法。它们分别是：

1. 沉没成本的海市蜃楼 —— 处理方法：及时止损的智慧

2. 损失厌恶的心理博弈 —— 处理方法：最优的取舍权宜

3. 一致性心理效应 —— 处理方法：调适微妙的"平衡"

4. 蔡加尼克效应的未完待续 —— 处理方法：结束亦是开始

5. 真、假不甘心的辨识游戏 —— 处理方法：内心的诚实与对话

6. 原地踏步的"不甘心" —— 处理方法：利用 ABC 模式唤醒动力

7. 月晕效应下的不甘心 —— 处理方法：明晰事件的真相

8. 自我论证的圈套 —— 处理方法：辨析思维陷阱

任何事情的发展都分为事前、事中、事后三个阶段。因此，本章遵循事情发展的规律，从这三个阶段对不甘心这种情绪进行细细拆解、解读、探索、共处。希望你能从本章中发现"自己"，读懂"自己"。

1. 事前阶段产生的不甘心情绪："月晕效应"是事项尚未发生、了解不足的情况下产生的执念类型。

2. 事中阶段产生的不甘心情绪："沉没成本和侥幸心理、损失厌恶、一致性原理、自我论证"是事项进行时各种因素导致执念产生的类型。

3. 事后阶段产生的不甘心情绪："未完成情节、原地踏步的'不甘心'"是事项结束后，种种因素导致执念产生的类型。

第四章

吸引力旋涡『痛苦』

——越『痛』越爱的秘密

　　这一趟情绪探索之旅，我们一同深入剖析一种你我都经历过的情绪体验 —— 痛苦。进入这次旅程之前，我们先来做个轻松且有寓意的小游戏，设想以下几个特殊的场景：

　　1. 如果你不小心触碰到某个尖利的物品，本能反应会驱使你怎么做？我猜，尖锐的刺痛会让你远离危险物品。

　　2. 假如你手中的杯子被倒入滚烫的沸水，你又会怎么办？突如其来的烧灼痛感，促使你立刻松开水杯。

　　3. 若有人猛然间"砰"地向你挥出一记重拳，你将怎么处理？你会毫不犹豫地反击回去。

　　这一系列场景揭示了一个共通点：当我们产生疼痛感或者被伤害时，无论是生理还是心理都会启动防御机制。在采取防御时，我们或许选择战斗，或许选择逃离。无论哪种选择，我们都会拒绝接受这种强烈的不快感受。

　　正因"谈痛色变"，所以有了止痛药和麻醉剂的问世。它们因能缓解痛苦对我们的折磨，而被广泛应用。药店里琳琅满目的止痛药简直是"痛不欲生"之人的"救世主"。我们可能会因此认为，既然人们对"痛苦"唯恐避之不及，那必定厌恶它、逃避它，没有人会喜欢它、主动靠近它。但有一件令人难以置信的事情：有时候我们非但不抗拒 "痛苦"，反而会主动寻找 "痛苦"，我们甚至可能享受它、陶醉于它。"痛苦" 的感觉像是一个有吸引力的旋涡，明知会被卷入深不见底的涡心，但途经它时，却不由自主地被它周围飞速旋转的 "吸力" 牵引。

不知道你是否有过口腔溃疡的经历？口腔黏膜上出现的白色小点，在舌头或者食物不小心接触到时就会产生疼痛感。但患口腔溃疡时，我们又总是忍不住用舌头去触碰溃疡，每一次的触碰都会给我们带来丝丝疼痛的体验，但竟然又伴随着一丝快感。再或者是皮肤上那正在结痂的伤口，我们忍不住用手指去抠一下，一次又一次，反复经历创伤、结痂、再度创伤。这些熟悉的片段，是否令你觉得不可思议？我们看上去竟然在主动寻找 "痛觉"。

明明想远离疼痛的我们，为什么会出现这种不可思议的行为？本章将探寻令人欲罢不能的 "痛苦" 背后的秘密。

第一节　"痛苦" 的真相：你在主动寻找 "痛苦"

我们的大脑如同一个大容量的存储器，日常接触到的各类信息会被大脑编码后储存起来，这个储存的过程被称为 "记"。当我们需要某些信息时，大脑会自动调取这些相关信息，可能是图像的方式，可能是文字的方式，也可能是情绪的方式……这个调取过程就是 "忆"。以上，"记" 与 "忆" 共同构成了我们的 "记忆"。大脑的记忆库里 "五彩缤纷、酸甜苦辣"，应有尽有。

同样，当我们经历痛苦时，这份特殊的体验也会被记忆的网络像捕捉蝴蝶一样捉住，痛苦的感受越是刻骨铭心，这只蝴蝶就越是在记忆库里"扑腾"。多次遭遇相似的痛苦经历，这些痛苦的记忆会层层叠加，每一次的叠加，都加重了记忆里的熟悉感。久而久之，这种熟悉的感觉甚至让我们将它视作一种习惯，形成一种认知：它的发生是理所应当的。即使是痛苦糟糕的事件，似乎也顺理成章地进入了我们的人生章节。

现在我们深入探究，大脑是如何逐步将"痛苦的经历"内化成我们内心追求的"安全感"的。我们的大脑会把频繁出现的刺激，尤其是早年的刺激，当作对今后事物的评判标准。比如：漂泊的游子，他们背井离乡多年，心里一直惦记着家乡的那口菜肴。纵使在异乡的街头巷尾尝到了同样的食物，也总觉着缺了那么一丝地道与亲切。当他们再次回到家乡吃上一口时，瞬间产生一种念头：没错，就是这个无可替代的味道，这才是正宗的味道！这样的情感体验，是大脑对往昔深刻记忆的直接反映。

这种情况，我经常从回四川的老友口中听到："老家的麻辣烫才叫麻辣烫嘛！""自家的跷脚牛肉，才是巴适得板。"要是和他们多聊两句，他们会挑着眉说："其他地方的蘸酱碟子，总感觉缺少了灵魂的味道，还是老家的椒才叫椒。"其实细想一下，蘸碟从来都没有标准，五湖四海的辣椒自有五湖四海的风土滋味。只是对个体而言，记忆里不断叠加的那种味道，才是自己认同的滋味。因为熟悉，所以才将儿时回味作为衡量标准。换言之，正是这些不断重复、层层叠加的记忆片段，在脑海中构筑起了我们个人所谓的味觉基准。至于这里提到的

"辣",恰恰也是一种痛觉。经过反复刺激,形成了川渝地区"无辣不欢"的特色。

幼儿时期的孩童,父母怕他夜里出汗着凉,喜欢给他包裹上一条毛巾。历经无数个毛巾陪伴的夜晚后,幼儿逐渐长大,却越来越离不开这条毛巾。即使这条毛巾已经边角磨损、成色泛黄,也没法扔掉,只要离开了这条旧毛巾,幼儿会整夜难以安睡,父母试着更换一条精美、崭新的毛巾,但结果却不尽如人意。只有那条旧毛巾熟悉的触感才能安抚幼儿的不安定,只有这条毛巾的陪伴才能通往梦乡。

同理,"痛苦"使我们欲罢不能的吸引力也源于熟悉、安全、归属感。恋爱里有"吸渣体质""渣男 / 渣女收割机"的说法。与其说受害者身上的某些特质总会吸引到所谓的"渣男"或者"渣女",不如说他们总会对同一种类型的人着迷。一个曾经被强势的伴侣压得喘不过气的姑娘,大概率还会被下一个"大男子主义"的男性吸引。有些男性开启一段新的感情后,朋友们会惊讶地发现,他的新女友或许会有上一任女友某个方面的影子,这就是所谓的审美延续。更确切地说,下任新女友可能更像是上一任女友年轻时,两人尚未累积矛盾时的样子。

我们爱的是一类人,而不是一个人。即使是一类让我们痛苦的人,我们也可能重蹈覆辙。比如:对"大男子主义"这个概念的解读,有些姑娘会评价为强势,而有些姑娘则认为这类男性具有男子汉气概。将其解读为"男子汉气概"的姑娘,更容易被男性硬朗的性格棱角吸引。等到被对方的性格棱角划伤了心,虽然疼痛难忍,但下一次在爱的选择题里,她们还是会为心中解读的那种"男人味"意乱情迷。事实上，她们只是对与这一类男性的相处模式更为熟悉。或者，她们总是习惯在这类男性身上获得感兴趣的"有利"之处，比如：男方看似强硬的脾气，能给她们带来对抗外界风险的安全感，尽管这种想法是不理智的。而她们也更擅长扮演乖巧的妻子人设。再比如：大男子主义者可能更大大咧咧，她们很享受用细腻的心填补其间的"空余"，从中获得伴侣的认可等等。

有些男性选择了一个热情能干的姑娘，一开始被她蓬勃的生命力吸引，而后却总因为姑娘特别有主见而产生分歧，日积月累的矛盾最终导致两人一拍而散。你猜接下来会怎么样？男孩子选择了一个言听计从的女孩，但不久后，就试图让新女友能干和有独立思想。所以，吸引我们的往往不是一个人，而是一种特质。这种特质或许是自己身上没有而希望拥有的，或许是我们自己和这种特质相处时更加熟悉。一些亲密关系的模式看起来让我们很痛苦，但这种痛苦可能对我们有着致命的吸引力。在吸引力的作用下我们的故事一次次进入轮回。

如果说性格上的特质难以理解，下面我们不妨先解读更表象的案例：

一个喜欢长发女性的男孩，置身于一群女孩之中时，他的目光往往会不由自主地首先被那些拥有乌黑亮丽长发的女孩吸引，更倾向于和长发女孩交流。对于偏爱短发风格女性的男性，在一群女生里则更愿意同短发的女生搭讪。从表象的特质来看，人们会和同一种外貌特质的异性拥有更多交集，和其他特质的异性产生交集的概率则再一次降低，最终故事还是陷入轮回的旋涡。

探索到这里，好似掀开了人生剧本的一角，情节不断重复，痛苦在叠加,我们一直在被痛苦的章节吸引。我们明明很讨厌那些剧情,但剧情里的一字一句又分明是我们自己的书写痕迹。这就能解释,为什么有些人进入一段不健康的感情时,即使清晰地知道对方绝非"良人",却总是反复纠缠、深陷其中。关键在于,这段不健康的亲密关系诱发的"痛苦"正是当事人所熟悉的,如果离开这种熟悉的模式,面对新的关系反而会让当事人感到陌生、恐惧、迷茫。面对未知的将来以及现在的无措,他们只能选择回头,再一次陷入痛苦的旋涡。就像一只受伤的仓鼠,总把头扎进熟悉的洞穴,即使洞穴再潮湿,也胜过未知的恐惧。

脑科学冷知识

"越痛越爱"的心理过程,本质上是对既往熟悉体验的依恋,虽显无奈,却也透露出人性中对于安全与稳定的深切渴望。

相似痛苦
+ = 熟悉的感受 → 通过追求"熟悉的痛苦感"获取"安全感"
相似痛苦

了解到"痛苦"魔力的秘密后,重点在于我们怎么做,才能避免重蹈覆辙?怎么样才能拒绝让我们欲罢不能的"痛苦"诱惑呢?

如果追求与过往相似的熟悉体验,我们并未产生任何的不舒适,那么可以沿用习惯的模式。毕竟面对熟悉的场景,我们有足够的经验去驾驭。但倘若此刻的我们发现自己总是在相似的地方跌得头破血流，或许就需要调整自己的人生剧本。对此，我愿意分享两条有用的调整途径，希望能对想切断"痛苦"循环的个体有所帮助。

倘若把人生比作一幅画卷，我们要怎样才能创作出一幅心仪之作呢？第一步，需要外部提供丰富协调的色彩颜料；第二步，需要内部的自我驾驭，将每种色彩的浓淡都处理得层次分明。

想要解决总是被类似"痛苦"困扰这一问题，同样可以从内、外两方面入手，以下是两种方法：

1.调整外部色彩，即改变外因：勇于打破常规，改变旧的环境，脱离原有的模式。只要能意识到在惯性依恋的牵引下，我们会不断重蹈覆辙，掉入类似的情感与情境的内耗旋涡，这已经是非常成功的自我认识。基于这种认识，我们可以有意识地主动尝试改变环境。比如切换职业跑道、拓宽社交圈子等。创造新的外部情景，试试给自己的人生涂刷其他的色彩，说不定新色彩会更适合我们。

案例： H是公司的出纳，她个性开朗、不拘小节，却又粗心大意。面对财务工作中需要细心处理的现金流，H屡屡犯错，倍感压力与挫败。后来H向公司申请转岗市场部的销售工作，结果H外向的个性在市场部大放异彩。H就是通过改变外部环境，解决了自己屡次遭受的工作困扰。

和H个性截然相反的是公司的G，他是市场部腼腆的男孩子。因为每次面对顾客总是拘谨且不善言辞，其业绩老是垫底。对于从小不擅长和陌生人交流的这一特质，G总是自我较劲，一定要克服这个短板，他从大学起就加入话剧社，结果这成为一段难受的社团经历。毕业后，仍然较劲的 G 应聘了推销员的岗位，以锻炼自己的表达能力。结局却是自己每天都在经历着类似的头疼问题。最后，领导注意到了 G 的困扰，深思熟虑后，将腼腆但却心思细腻的 G 调到公司的企划部，负责文案工作。在这里，G 敏感、内敛的个性优势发挥得淋漓尽致。G 这才意识到，努力一次次去尝试"痛苦"，未必是他在职场的最佳选择。

人生总是充满着各种奇幻的色彩，不同的人生途径泼洒着不同的色彩。倘若我们总是在某条道路上受困，不如勇敢地踏上其他色彩斑斓的路口吧。

2. 调整内部色彩，即改变内因：出于某种原因无法摆脱固有的困境，外部的因素难以变更时，转向对内调整自己处理同类问题的方式，是另一种有效的方法。当外界条件如同固定的色彩板，难以轻易换色时，那我们只能调整处理同一"色彩"的绘画技法。人生的画板有些地方需要浓墨重彩，有些只需要略施粉黛。比如：我们曾经喜欢与某人采用争权夺利的方式相处，且暂时没办法脱离这种关系，那就试试换种权利共享的沟通方式。这样的转变，是在不改变外部环境的框架下，对自身处理人际关系方法的精妙微调。

案例：小 K 为讨好型人格，总是将他人感觉置于自己感觉之上，处处以周围的人舒适为先，他因此常常感到疲惫和失落。久而久之，周围的人也习惯了小 K 的付出。想把小 K 身边的人一股脑地换掉是不可能的。通过咨询师的引导，小 K 尝试"自我优先权"，把自己的需求放在第一位，再根据自己的需要做出让自己舒适的决策，慢慢地，小 K 找回了自己。

当我们能改变外部环境时，就去改变外部环境。当无法创造新的外部环境时，我们就要学会调整自身对外界的反馈模式。

从外部规避重复的"痛苦"：$\xrightarrow{方法}$选择新场景 ——→ 摆脱熟悉环境

从内部克服重复的"痛苦"：$\xrightarrow{方法}$尝试同场景中的不同处理模式——→摆脱旧有模式

第二节　痛苦的迷魂汤：痛苦使你更"轻松"

我小时候学滑旱冰，总是掌握不好平衡，经常摔倒。每次摔倒又扶着护栏站起来，再摔倒。后来摔得实在疼了，我索性坐在地上哭闹，不滑旱冰了。比起每次踩在滑溜溜的轮子上摇摇晃晃地站立，坐在原地蹬蹬脚、流流泪更轻松，还能避免再次跌倒。这正是"痛苦"那迷人的面纱，当我们面对痛苦的遭遇时，相比用力改变不堪的现状，沉迷于"痛苦"似乎更容易一些。"痛苦"如同半遮面的姑娘，试图用她曼妙的身姿诱惑我们，使我们失去斗志，舒适地沉沦下去。

人际关系破裂带来痛苦，想要修复它得付出一定的代价，比如：深入沟通、寻找矛盾点、共同携手寻求和解之道等，一系列烦琐的环节让人心生退意。如此一来，彻底放弃这段关系，看着它烂掉来得更简单。虽然烂掉一段关系看起来会让我们十分痛苦，但不作为相对更轻松。面临失业的痛苦，如果想要改变它，我们需要总结过失，调整状态，再次尝试重返职场，甚至面临面试被拒绝的可能性，我们脆弱的心又可能再增添一道裂痕。我们索性"躺平"，那可真是酣畅淋漓的解脱。

　　我曾切身体会到，人性藏在痛苦面具下的那一份麻痹与懒惰，也感受到个体如果把注意力聚焦于痛苦本身，就能躲过改变痛苦的艰难。"痛苦"像海洛因，让个体将麻痹的空间与惨烈的现实世界切割开来。25 岁那年因为遭遇意外，我膝盖的胫骨平台压缩性粉碎骨折。碎成渣的骨骼无法修复，医生不得不植入人造骨头，让它尽可能恢复到原来的关节面状态。相比意外带来的瞬间剧痛，更艰难的是术后的康复训练。我像婴幼儿一样坐在床边，练习膝关节屈伸，每天将肿大、僵硬、粘连的关节一点点拉开，但第二天醒来后关节因为粘连，会再次变得僵硬如石，又得重新将它撕裂开。你有撕过布条吗？就是那种在暴力拉扯下，纤维根根断裂，最后将整个布条撕开。这里，把布条换成有血有肉、感知敏锐的躯体。从最初只能弯曲 15 度，到恢复正常角度，过程漫长。三个月后我才尝试第一次站立，适应新的关节面。至于学习走路、下蹲、跑跳，那更是一连串艰辛的时光。

　　在这期间，我结识了许多相似的病友，不同的病友在面对意外时，呈现了不同的状态。有放弃的，毕竟只是一具受伤的躯壳罢了，反正都得落下个缺陷，努力也无济于事，还是沉浸在意外的悲伤中好了。逃避的病友，会暂时不考虑躯体功能恢复的程度，对他们而言重要的是，自己现在正被痛苦紧紧包裹，去撕开痛苦需要很大的力气和勇气，躺在"痛苦"的怀里像婴儿吮吸乳汁一样，享受伤痛留下的边角料，好像更不费力。病房里什么状态的病友都有，有人因为难过而食不下咽，有人情绪低落影响愈合，有人甚至偷偷饮酒置身体于不顾。每个病人都有自己独特的个性，院区里人来人往，展现形形色色的人生百态。

后来回忆起那段没有放弃康复的日子，满是汗渍和泪水的味道。我确实康复得很成功，回到了正常状态。但也有不幸的病友，留下关节弯曲角度不足或者跛行的遗憾。还有人因为错过膝关节角度锻炼的最佳时期，不得不进行第二次手术，割掉粘连物。面对同一场痛苦，每个人都有自己演算的方式和解题的角度。

如果那年我待在痛苦营造的舒适圈里，像小时候滑旱冰摔疼的自己，一屁股坐在旱冰场上放弃自我，现在的我可能会因为身体素质问题，走向截然不同的人生。

脑科学冷知识

如何利用脑科学，让个体不再沉迷于痛苦的"轻松"？面对痛苦，每个人都有沉迷其中的可能，如果我们一味地扎根痛苦，不能冲破困境，选择逃避新一轮升级装备的战斗，那么痛苦释放的舒适感会让我们懒惰，最后让痛苦的"瘾"变成整个人生全景，而我们只不过是一个自艾自怜的"瘾君子"。

然而，喊口号容易，行动起来却很难。理智告诉我们不要当痛苦的俘虏，身体却很诚实地拖沓。那我们不妨利用实际有用的脑科学来解决这个问题。我们用"第三人"的视角，来观察痛苦。如何做这个第三方的观察者呢？

我们都有在电视机前看电视剧的经历，剧中的人物在电视机屏幕上演绎着各种故事。我们既能和电视剧里的人物产生共情，也能被生活中的其他事件打断情绪。现在我们试试用这种方法来"观察"痛苦。

比如：今天领导要求完成 10 份材料，我们感到很痛苦。一想到我们每个月拿着不如意的薪水，却要完成如此繁重的工作，就觉得自己十分可怜，这时候痛苦开始发酵。接下来整整一天的时间里，我们的大脑都会持续讲述一个名为"痛苦生活"的故事，包括工作痛苦，还有房贷、车贷压力……每天上班的地铁拥挤不堪……停！在这个例子里，领导安排的工作任务是客观事实，但大脑后续会持续夸张地输出关于痛苦的综合故事，这就是放大痛苦，就是放大主观感受。既然如此，若是不想因为大脑夸大的感觉而沉沦，那我们就得找到对待大脑的另一种方式：把自己抽离出来，观察痛苦。观察我们现在承受的遭遇，并且像看电视剧一样，看看自己的大脑正在如何向我们夸张地讲述关于痛苦的故事。这一次我们没有参与讲述"痛苦的故事"，我们只是一个旁观者。在这个过程中，我们一边观察痛苦，一边继续做应该做的事情。也就是带着感受前行，不过多地陷入这种大脑讲述的悲惨氛围。

一段时间后会发现，一边观察痛苦，一边继续跋涉人生征途的我们，已经走了很长一段路途。回头一看，那段曾经让我们痛苦的经历正在慢慢缩小，直至变成生命线上的一个小黑点。而抬头看前方，尽是生命空间无限衍生的可能性。

沉溺痛苦 → 痛苦成为整个世界

第三人视角观察痛苦 → 痛苦缩成生活、工作中的小点

至此，我们来回顾本节内容，我们遭遇人生痛苦时，可以借助以下方法避免陷入情绪的沼泽：

1. 摒弃"倚痛卖痛"的懒惰。

2. 低谷里不要给自己设定目标。

在低谷期设定的目标越大，越会有一种无力感。此时，只做一个行路人，在暴风雪中跋涉，试着蹚过淹没膝盖的积雪，你只是向前行动，走着走着说不定就能迎来暖和的气息，待那时候你再掏出地图锁定人生的目标。

3. 从痛苦中跳脱出来，一边观察痛苦，一边完成手中的事项。

每个人的一生都会遭遇难以预料的痛苦，但采用不同的处理方式，会得到不同的结局。就像我 25 岁那年在医院里遇到的病友，沉迷于遭受意外的"懒惰者"，躺在病床上呻吟，只是被动地接受治疗，导致腿部的肌肉渐渐萎缩。我们人生的肌肉也是如此，不用则废，待我们有一天想行走时，双腿早已变成枯枝。所以我们分两条路行动起来，一是转换角色，不做痛苦承担者，而是成为痛苦的观察者；二是尝试着不设目标、不设方向地"走"起来，保持运动状态，我们不需要规定那个背负伤痛的自己能走多远，设定多么远大的志向，我们只是保证自己处在持续运动的状态。至于未来在何方，等我们走出那段荆棘密布的路后再寻找。

　　　　让我们走向有太阳的地方，

　　　　黑夜会掀起斗篷迅速撤退，

如果我们暂时寻找不到太阳，

走着走着也会有星点的光亮。

第三节　高浓度"关注"的诱惑：建立健康的人际联结

　　每个人都有从别人那里获得关注的需求，我们很多行为的动机也可能是希望获取更多的存在感和他人的关注。我 5 岁的小侄子特别喜欢在家族聚餐时，表演大口进食的游戏。每当我们忽视他的时候，小侄子会说："姨妈，你还没看我吃饭呢。"这时，我不得不立刻把注意力转到他身上。他也会赶紧表演一个大口吃饭的动作来回馈我。倘若他磨磨蹭蹭不肯吃饭，我表妹只需要说："赶紧张大嘴巴，吃一口给姨看。"小家伙就赶紧扒拉一口米饭，吧唧吧唧地吃起来。

　　生活中养宠物的家庭有了小宝宝后，会发现部分宠物和宝宝争宠，想重新从主人身上获得曾经的关注。在一些独生子女的家庭，随着弟弟妹妹的到来，原本乖巧听话的第一个孩子可能会变得调皮捣蛋，用其他方式获取父母的关注。有些新手妈妈生育宝宝后，会被新手爸爸抱怨，觉得妻子的注意力都集中到婴儿的日常上，不再关注他。又或者一个妻子换了新发型，兴高采烈地回家后，却没有人发现她的变化，妻子同样也会感到失落。

　　如果这些还不足以说明我们对他人关注的渴望，有一个我们更熟悉的场景。我们都听过"人来疯"这个词，它是指只要有客人到来，小朋友就表现得比平日里更加活泼好动。我们小时候或许也经历过

"人来疯"的阶段。这正是孩童在人群中获取关注的一种方法。

　　有一部分人可能会说，自己是个内向的人，会因为别人的关注而感到不自在，但这并不代表这部分人完全没有被关注的需求，只是对关注的需求量、给予他们关注的人、所处的环境有要求而已。演员言承旭说自己是个内向、不善于交流、不喜欢被关注的人，但他同样也讲到，小时候有次不小心被蜜蜂蜇伤，受伤后的他突然感觉好幸福，因为大人们突然都在围着关心他。可见，任何性格的人都有被关注的需求。被关注的需求存在于所有的关系角色里，包括家人、朋友、同事……

　　我们对关注的需求和沉迷痛苦有什么联系呢？正是被关注的需求，让我们热衷于"痛苦"。遭遇不幸而深陷痛苦的人，往往能更多地获得外界给予的关注和照顾。儿童时期，有些孩童会故意哭闹，传递自己难受不适的信号以便获得父母更多的关注。他们潜意识里知道，表现得不舒适会得到大人更多的关心和爱护。面对身陷困境、倍感痛苦的朋友，我们愿意花更多的时间陪伴他们、开导他们。在协同合作的工作中，身体不适的同事可能会获得更多的体谅。也许他们并未意识到，自己已经开始享受痛苦带来的"优越感"。

脑科学冷知识

　　沦陷在痛苦中的个体，会因为能享受到来自善意者的高浓度关心和体谅，而主动延续痛苦状态。

　　案例：美国有位单身母亲，名为迪·布朗夏尔（简称为：迪迪）。她是一个命运多舛的女人，在幼年时父母便离异。父亲再婚后日子更加艰难。常年来迪迪一直遭受到来自继母的排斥。24岁时缺爱的迪迪与一名男子迅速坠入爱河并且怀上了女儿，本以为浮萍般的人生终于有了归宿，然而男友却抛弃了她。即使这样，命运仍在捉弄这个苦命的女人，迪迪的女儿出生后患有染色体缺失综合征、癫痫、哮喘等疾病，不但智力低下，连基本的进食和行走都无法独立完成，只能依靠流食和轮椅度过没有色彩的人生。面对支离破碎的生活，迪迪独自坚强地承担抚养重病女儿的重任。很多知道迪迪遭遇的人，都想给这对母女千疮百孔的生活里增添一丝温暖。为此，迪迪收到了大量的情感慰藉和物资资助。2015年6月14日，一条骇人听闻的消息震惊了美国，迪迪竟然被她重病的女儿以及女儿的男友共同杀害。迪迪的死亡揭开了一个天使和魔鬼的双面人设。原来迪迪的女儿自出生起就是正常人，从未患有任何迪迪描述的疾病。迪迪一直欺骗女儿使其相信自己身患疑难杂症，并每天坚持服药。迪迪的女儿甚至配合母亲摘除了自己的唾液腺，并经历多次肠胃切除手术。长期的流食让女儿的咀嚼功能退化，强制依靠轮椅的生活导致女儿肌肉萎缩。随着年龄的增长，女儿渐渐发现自己并非母亲所讲的智力低下，自己不但能理解书籍里的内容，还偷偷学会了使用网络，通过网络女儿开始了解自己的真实身体状况和正常人的世界，就这样迪迪悲惨单身母亲的虚假面具被女儿扒开，最终导致了这场凶杀案。

　　在这个骇人听闻的悲剧里，迪迪正是因为沉迷于大众对她的怜悯，所以一直沉浸在扮演痛苦的角色里。也许从迪迪第一次向别人倾诉不幸的遭遇时，意外尝到了"甜头"开始，她那份早年缺失的欲望就像疯长的野草一般，一发不可收拾。她发现，不幸的境遇竟然能让别人对她的目光变得柔和，话语变得轻柔，给予她不曾得到的细腻包容和体谅。为了留住这份关爱，迪迪开始让女儿生病，历经数百次艰难求医，给痛苦的人生不断加码。当然，把女儿从正常人替换成"残疾人"，确实增加了迪迪的人生难度系数。比如：她需要把食物制作成流食；需要给女儿推轮椅，照顾她的起居；还得带着女儿辗转奔波治疗。可是这份痛苦跟得到的快感比起来，不值一提。她非常享受这种高难度的人生。

类似的案例在其他国家同样存在。痛苦会利用人性的弱点，让人对它甘之如饴。灾难固然是苦涩的，但是大众给予受难者的关照和特殊对待，成了撒下的点点"白糖"。沉浸在痛苦角色里的扮演者，狂热地收集着大众善意的"糖粉"，来填补自己内心缺失的部分。

一般认为我们喜欢积极的赞美、舒适的感觉，害怕消极的批评、痛苦的感觉。不，其实我们最害怕的是被忽视。这让我们觉得自己在这个世界上没有任何存在感，如同一个透明体，没有办法让任何一丝关注的目光停留，所有的注意力从我们的灵魂中径直穿过，让我们的灵魂和自尊心变得空荡荡、凉飕飕。这也是为什么有些孩子故意扮演坏孩子，因为劈头盖脸的打骂胜过无人问津的孤独。这也正是有些女性会在亲密关系里表现得歇斯底里的原因，宁愿双方在关系的拉扯中感到疼痛，也不愿被寂静无声吞没，争吵至少能让她们得到些许回应。因此，"痛苦"让我们欲罢不能，可能与我们对他人关注的需求度和自尊心水平的高低有关。

什么样的个体，容易沉迷于痛苦带来的关注：

1. 长期缺爱。迪迪幼年遭遇父母离异，母亲的离开、继母的厌恶让她没有获得足够的关爱。"少时不得之物，终将困其一生。"早年越是某方面匮乏的人，成年后则越是不顾一切地渴望那一方面被满足。

2. 曾在痛苦中获得过高浓度的有利体验，且这种高浓度的体验感通过正常状态无法获得。在某段伤痛的经历里，个体发现通过痛苦可以得到物资、情感、舆论等资源倾斜。而个体本身对这种资源的需求又异于常人，且在正常状态下难以平衡这种需求感，只能通过扮演痛苦角色，继续获得有利体验。

这听起来可能令人感到不可思议。其实，戒断这种对高浓度需求的依赖，其难度系数不亚于瘾君子戒掉毒品。

3. 低自尊、低能力者无奈的生存策略。有能力在资源竞争中获取胜利的人，更喜欢从"被崇拜"和"胜利的成就"中得到他人的关注和认可。而低自尊、不能在资源竞争中获胜的低能力者，更愿意采用示弱、展露劣势、伪造痛苦来博取资源。在社会法则中，强者自然能占据优势地位，更容易控制弱势群体。这些弱势群体则可能通过痛苦的状态打破某些规则，控制别人对自己的投入。而强者对这一策略往往嗤之以鼻，毕竟高自尊水平的人并不愿意让别人看见他的低落和伤痛。

第四节　此刻，你正卖力地忙着"痛苦"

看似在痛苦的重压下苟延残喘，

其实是把自己困于人生某个留念阶段。

因为痛苦的另一端正是散发着余晖的过往，

所以才要拼命抓住痛苦的绳索久久不放。

有些人一直无法走出失恋的阴影，沉浸在失去前任的痛苦中，即便时间流逝，他们仍然"深情"到难以自拔。其实，他们看似痛苦，但未必真正想从失恋的泥潭里爬出来。他们的潜意识里认为，只要还在痛苦，我就和这个前任保持着某种联结。尽管这种想法听上去可笑而又不理智，但是走出痛苦、不再追忆，就意味着这个人、这段情真的烟消云散了，意味着与这个前任有关的一切正式成为过去式。这对迟迟不肯放手的一方来讲，留在痛苦里是他们能抓住的最后一根稻草。

甚至有些人在离婚或者分手后，仍然拒绝用前夫／前妻或者前任去定义之前的伴侣。因为待在痛苦里，他们就能一直和旧人保持着虚幻的"联结"。这时候痛苦是令这些失恋者着迷的"安慰剂"，他们感受着痛苦带来的最后余温。只要痛苦还在，他们就可以继续为这件事付出情绪、挥洒眼泪，这段感情好像就没有完全终结，这是一种在内心单方面构建的情感联结。

除了情感，在学业和事业上也有相似的情景。新闻里不止一次报道高考状元毕业后回家啃老的事例，曾经的天之骄子如今却成了家中雀。还有一些高学历的人才毕业后，也蜗居在家，连一日三餐都无法自食其力，国家的栋梁之才最终变成了无用之木。导致他们现状的因素有很多，其中一种可能是他们曾在自己圈子里闪闪发光，进入一个更广阔的平台后，他们的闪亮被湮没在整座金山的耀眼光芒下，落差会带来自我定位的模糊，又或者经历了某次失败的打击，他们难以释怀。所以他们将已经"腐烂的辉煌过去"浸泡在痛苦的"福尔马林"里，企图延续，只要留在过去，他们就依然是那个万众瞩目的天之骄子。只要躲在挫折的臂膀下逃避，好像就能拒绝失败。不走出痛苦，他们就有一种自欺欺人的可能性，就有一直位居光环云端的延续性。他们只是想让结局定格在辉煌的时刻，拒绝滑向低谷。尽管挣扎着留住过去是徒劳的，但他们仍然很卖力地忙着"痛苦"。

如何打破"痛苦"制造的虚幻美好：

1. 认清现实。靠情绪的纽带联结的世界，不是真实的世界。情绪是主观的产物，因此依凭情绪勾勒的世界也是个人主观想要的世界，与真实的状况大相径庭。

2. 卸掉伪装，释放痛苦情绪。有时候我们长时间沉溺于痛苦，是因为并未将不利事件引发的情绪释放出来。就像一个蓄满水的池子，只有把蓄水池的管道清理畅通，将情绪的死水合理地释放掉，我们才能畅快地呼吸。

3. 建立支持系统。在接受事实、梳理情绪的过程中，我们可能会感觉到困难，出现两种情况。

第一种情况是：认清糟糕的事实后，我们十分崩溃，在悲伤或者愤怒下做出不理智的行为。这时候的我们非常需要值得信任的家人、朋友作为自己的支持系统，约束我们的不理智行为，防止事态恶化。

　　第二种情况是：看清糟糕的现实状况后，我们可能会走向另一个偏激的认知。比如：好吧，我接受事实，我就是个失败的蝼蚁！我干脆就做个家庭、事业中的摆烂者。这时候作为支持系统的家人、朋友、师长、心理治疗师等，能及时帮我们重新振作。我们不是一座孤岛，我们有权利和周围的支持系统紧密联系，以获得帮助。

　　4. 制订计划，重振旗鼓，开启新的征程。以上种种，都是为了修复自己，展开生命之翼，重新启程。

第五节　美化"痛苦"的误区：卸下苦难的粉饰

　　关于美化痛苦的名言，古今中外比比皆是："天将降大任于斯人也，必先苦其心志，劳其筋骨，饿其体肤，空乏其身。""灾难是真理的第一程。""不经历风雨，怎能见彩虹。"我们从小接受的教育里，更多的是对痛苦的美化。被粉饰的"痛苦"，让我们可能产生一种错觉：只要经历了苦难，就一定能到达理想彼岸。事实真的如此吗？

　　面对苦难时，个体通常有两种选择：（1）逃避。比如：遇到危险，我们会撒腿就跑。再比如：犯错之际，会下意识找借口，试图推卸责任。（2）留下来战斗。比如：在面临险情时，选择迎难而上，直面挑战。在这两者之间，逃避者常被冠以"懦夫"之名，而勇于留下来"战斗"的，则被尊为"勇士"。这样的价值观的确是人类前行的驱动力，这种信念带来的益处毋庸置疑。然而，值得注意的是，在这种美化的观念下，或许会衍生出一种对"痛苦、苦难"的浪漫化解读。这种美化倾向，虽然初衷是积极向上的，但也可能产生副作用，即让我们被痛苦所吸引。我们甚至误将承受苦难视为一种荣耀，没有"痛苦"也要创造出"痛苦"。

案例：2017 年 8 月 31 日，一位 26 岁的年轻产妇在医院待产时，因为胎儿的头围过大，生产困难，持续承受着非人的痛苦。原本在现代的医疗技术条件下，这是能顺利解决的问题，但产妇的婆婆却认为，生育之痛是每个女人该有的"苦难"，而且只有经历了顺产之痛后，产下的婴儿才会"聪明"。

最终，产妇多次祈求丈夫和婆婆剖宫产未果后，不堪痛苦的折磨，从医院的五楼跳下，在"痛苦美德"观念的戕害下，结束了宝贵的生命。

案例中的婆婆竟然将一个孩子的"聪明"，视为对产妇痛苦的"奖赏"。正是这种无视现代科学、"美化痛苦"的愚昧旧思想，最终夺去了产妇及未出生孩子的性命。事实上，并没有任何科学依据证明，顺产的孩子比剖宫产的孩子更加聪明。相反每年都有婴儿在这种母性"光辉的痛苦"下，因为腹中缺氧而患上脑瘫。

在旧社会，一些想学手艺谋生的学徒，也往往要经历人为的痛苦。会承受师傅的打骂，师兄不合理的使唤，人们将这种美化为"吃得苦中苦，方为人上人"。似乎只有经历了尊严和肉体的痛苦，才有资格学得手艺。

这些苦难的案例，也许能为我们解读人为什么会沉迷于痛苦。此外还可以看到，旧社会中追寻痛苦文化的通常是下层群体，在那个社会制度中，他们穷尽一生的努力，都难以翻越命运的叠嶂。他们为寻求慰藉，与其无奈地接受痛苦，不如主动地选择痛苦、依赖痛苦、赋予痛苦乐观的意义。那份对"痛苦"的信仰，是生活的尘埃里开出的一朵花。

在旧社会，追求痛苦的抚慰让无法翻盘的命运有了一个出口，被命运扼制的那股憋屈劲自然有了宣泄之处。这样一来，痛苦反而让他们找到了自我、实现了心理平衡，所以，他们才痴迷于对痛苦的持久追求。

让"痛苦"为自己暗淡无光的命运注入蓬勃的生命力，慰藉着无助个体的生命。当然，从另一个角度来看，这也是那个社会的个体为了生存下去，为了激发自我斗志的一种心理调整。以上是我对此类痛苦文化的一点浅见。

超乎常人承受能力的肉体和精神的痛苦修炼，确实也能增强人们面对痛苦情形的意志力。这就形成了：生于痛苦→磨炼意志→增加痛苦承受力→为扛下更多的苦难做准备。就像通过不停磨炼长满老茧的手，能承受更高强度的磨炼。只是这层"老茧"没有长在他们的手掌，而是长在了他们的命运里。

在旧社会，这种对苦难的信仰，除了承担着下层群体活下去的动力，也有利于统治阶层维持社会的稳定。这种信仰在一定程度上缓解了受难者认为社会不公平的冲突，也就减少了受难者暴动的可能性。就像运行在水面的帆船，下层暗流平稳，上层的水面就能载起帆船平稳地航行。

我们不去讨论这种旧社会中被美化的"痛苦"的正确性，它有它产生的文化背景。这个章节,我们只对"美化痛苦"进行微小角度的解读。作为庞大精神力量中一个微小的观察者,我只是截取了思考的一隅。通过这种思考,去寻找一点人们愿意停留在痛苦里的些许原因。但身处当今社会中的我们,应该卸下旧时代的"痛苦粉黛",更合理地解读"痛苦"。

如何理性看待追寻痛苦的"信念"? 我更认可不必美化痛苦的观点,经历痛苦不一定就能到达胜利的彼岸,有时候选择大于盲目地承受。满是荆棘的路不一定就会有玫瑰的芬芳,只有撒下玫瑰种子的花园才能绽放出玫瑰花。我们都希望承受疼痛后就会破茧成蝶,但也同样不要忽略首先得选择一个适合我们的"茧",再去等待它。换言之,"见到彩虹"的前提是选择了恰当的风雨征途。

● ● ●　**情绪之旅·体验·心得**　● ● ●

"请你务必一而再、再而三,千次万次,毫不犹豫地救自己于人间水火。"面对痛苦,我更希望做到披荆斩棘,而不是在它的刀光剑影下苟延残喘。

愿我们能看清痛苦的旋涡,冲破它的引力,而不是被席卷其中,沉入情绪的黑洞。痛苦并不会使我们变得更好,我们处理痛苦的智慧才会使自己更好!我们不必感谢痛苦,我们真正应该感谢的是那个穿过"枪林弹雨"的自己!

情绪收纳盒

　　本章我们共同参观了一处充满奥妙的情绪"景象"——痛苦。了解了无法摆脱它的原因，这些原因分别是：

　　一、"痛苦"吸引力的本质是对既往熟悉体验的依恋。

　　解决办法：（1）尝试挑战不同场景。（2）学会对同一场景做出多元反馈。

　　二、我们愿意沉沦于"痛苦"的缘由是它让我们更轻松。

　　解决办法：（1）识别大脑的情绪放大器。（2）学会以第三者的视角观察"痛苦"。（3）抽离出大脑夸张讲述的"痛苦故事"。

　　三、痛苦让我们得到高浓度的"关爱"。

　　解决办法：（1）建立健康的人际关系。（2）提高自尊感。

　　四、我们会使用"痛苦"来逃避不如意的当下。

　　解决办法：（1）释放真实的情绪。（2）构建自己的支持系统。

　　五、传统观念中对"痛苦"的美化解读。

　　解决办法：（1）构建正确认知。（2）学会选择，正确的选择大于努力。

第 五 章

『摄魂怪』吞噬的灵魂——抑郁

我是罗琳（J. K. Rowling）的一个书迷。从小学到中学，我一气呵成拜读了她从 1997 年至 2007 年所著的《哈利·波特》魔幻文学系列丛书。罗琳在书中塑造了各色的魔法生灵。其中有一个来自黑暗的生灵，它冰冷的形象深刻地烙印在我的童年里，它就是 —— 摄魂怪（Dementor）。我初次阅读时，还只是个小学生。因为阅读大量文字的能力有限，我不得不手持尺子逐行逐字地细读。尺子在触及关于摄魂怪的细腻描绘时停顿了很久。这个魔法生灵的形象如同一个幽邃黑洞，把我吸进了书里。

"摄魂怪"是一个 3 米高的人形生灵，身披黑色斗篷，斗篷下是散发着寒气的灰色身躯。它会悄无声息地吸走人的快乐、希望、活力等所有积极的感觉。任何正向情感在它面前皆化为乌有，留下的是一片荒芜的心田，充斥着痛苦、恐惧与绝望等消极的感受。它让被攻击者的灵魂逐渐枯竭，直至最终被无情地剥离，只余下一具空洞无神的躯壳，如同行尸走肉般游荡人间。摄魂怪虽然不像其他黑暗魔法生灵一样具有猛烈的攻击性和致命的黑暗法力，但它带来的折磨却更具令人战栗的摧毁性。

为了更好地了解这种摧毁的力量，我们先一同看看，罗琳在著作中描写摄魂怪的句子，这能帮助我们在接下来的情绪之旅中，感同身受地体验到"抑郁"：

1."当摄魂怪靠近时，周围的温度仿佛骤降，所有的光芒都被吸取，留下一片阴暗的寒冷。它们的存在让人感到压抑、恐惧和无助，就像是所有幸福和希望被抽走了一般。"

2."每当摄魂怪靠近，你会感到一阵强烈的寒意，仿佛你的思维和记忆都被吸走了一样。你的头脑中只剩下最黑暗的回忆、最深沉的恐惧。它们的影响力如此之大，以致能让人们产生自杀的念头。"

3."冰冷的气息弥漫开来，幸福感消融，仿佛一切希望都被吞噬。摄魂怪接近了。"

（以上摘自《哈利·波特与阿兹卡班的囚徒》）

事实上，"摄魂怪"这个魔法生灵的形象和"抑郁"非常相似。可以说是把"抑郁"的感觉通过拟人化的方式，形象刻画了出来。本次的"抑郁"行程体验可能会比其他情绪的体验更浓稠、更杂乱，也可能会让你感觉不适。准备好，让我们一起靠近摄魂怪——抑郁吧。

第一节 幽冥之境：体验抑郁者的真实世界

抑郁分为抑郁情绪和抑郁症，需要专业医生根据"知、情、意、吃、睡、性"进行评估，这里暂不详述。现在，让我们切换成抑郁症患者的第一视角，以他们的视角感受那种黏滞而浓稠的体验。

轻度抑郁：我们偶尔喜欢待在自己的角落，沉浸于一些天马行空的思考。不过这种状态持续时间较短，我们很快就能被工作、生活中的其他事情分散这种注意力。

中度抑郁：我们开始感觉到每一天的天气似乎都很不好。即使晴空万里，我们仍然感觉周围的一切都是灰蒙蒙、湿答答的。再明媚的阳光都照不进我们的世界，世界好像一直在下着绵绵不绝的小雨。这润湿衣裤的天气，总让我们黏糊糊的不舒服。潮湿的空气甚至把"湿气"浸到了骨头里。这里的"湿气"并不是指真的湿气，而是一种难以言喻的感受。

我们整个人变得沉默寡言，充满黏滞感（比如，舌侧因少言寡语而苍白，带有牙印）。我们变得不太愿意和外界进行信息交换，行动拖延。这时候，不明真相的我们，以为这些只是身体的疲惫与动力的缺失。我们可能会盲目地尝试喝功能性饮料，试图利用咖啡因等兴奋的因子，找回曾经的动力。实则只会更糟糕，因为我们开始出现肠胃不适、睡眠障碍。这些功能性饮料的短暂刺激更像是一剂催化剂，让本就失衡的身心状态雪上加霜。

重度抑郁："麻木"是这个阶段最大的感受，我们失去了对外界和自身情绪的感知能力，不只是美好、快乐的积极感受，甚至连愤怒这些消极感受也慢慢消失。哪怕外界的激愤如同烈焰之箭，射进我们的领地，我们依然漠然地看着它将自己的领地烧成灰烬，没有任何力量进行反抗。有趣的是，这时候的我们往往容易被外界误以为拥有与世无争的好脾气。所以，抑郁症患者体现出的超脱世俗的"宁静与宽容"，实则是对一切情感色彩的疏离，这是一种近乎绝望的平静，让人难以窥见其背后隐藏的荒芜与孤寂。

此外，这个阶段的个体可能出现伤害自己的行为。需要特别提出的是，这里有个令人意想不到的事实：在极度严重的抑郁时期，个体反而是不会进行自我伤害的，而中、重度的抑郁症患者才会有自杀倾向。因为极度严重抑郁的个体，甚至连伤害自己的力气都已经丧失，只能在稍微恢复点能量时，才有机会伤害自己，寻求解脱。（此处不应当用"机会"描述，但对极重度抑郁症患者而言，是恰当的描述。）所以，对于极度严重的抑郁症患者，他的家人和朋友更应该警惕其正在好转的这个时期。也许有人会难以理解，抑郁症患者为什么会做出一些伤害自己的行为？因为日日夜夜被沉重情绪裹挟的个体，渴望感觉到疼痛或者某种刺激，击碎这种麻木和沉重的世界，或者干脆寻求解脱来逃离这种感受。

更确切地说，整个"抑郁"体验由轻度到重度的过程是：有一天，我们的天空飘来一朵乌云，后来乌云越来越大、越来越浓，直到乌云笼罩了我们的整个世界。这朵乌云既不能爽快地来一场酣畅淋漓的雷电暴雨，又不能散去。

第二节　被"窃走"的记忆、认知与睡眠

抑郁的个体最直观的感受是睡眠模式的显著紊乱。这种紊乱以"失眠"与"嗜睡"两种极端形式呈现。谈及失眠，"抑郁"让夜晚安眠成为奢望：睡眠变得非常糟糕，可能辗转反侧，难以入睡。也

可能即使睡着了，睡眠也会反复中断，或者早醒。更糟糕的是，早醒后的我们又难以从床上爬起来，这并非源于失眠造成的疲惫感，更多的是思维到躯体的沉重"困顿"感，使得起身之举变得异常艰难，远非单纯的体力不支所能概括。

再来谈谈关于"嗜睡"的问题。有人会问："失眠"的人为什么会"嗜睡"？因为，他们睡眠中的多数时间并非真正安眠。而是蜷缩于床榻之上，内心经历着无声的消耗。这种嗜睡状态，对抑郁症患者而言，也是一种"自我保护机制"，能帮助他们逃避外界信息。

抑郁还会对我们的认知、记忆产生影响。随着情绪的持续困扰，我们的认知能力下降、记忆力退化。可是，抑郁症患者的"记忆力退化"似乎很矛盾。日常生活中常常"丢三落四"，显著健忘，但对曾经的一些经历又"记忆犹新"。这种矛盾情况，其实是另有原因。我们将记忆力退化分为三种情况：

1. 个体能接收到外界的信息，但转身即忘。个体看似心不在焉，实则很难将自己的注意力集中于当下的真实世界，仿佛被隔绝于现实之外，困于一个虚幻的梦境之中，难以自拔。

2. 个体可能根本就不能接收到外界信息。这是一种由病症导致的外界信息接收障碍。这并不是指对外界信息的"接收"量的减少，抑郁症患者跟正常个体一样可以完整地听见对方的话语，但是难以读取其中信息。这类个体看起来是记忆退化，实则是丧失了捕捉外界信息的敏锐度。基于不想被别人察觉自己异常的自尊心理，他们勉强地应付外界。这是一种对内心脆弱与异常的无声掩饰。

"记忆退化"

↓ 原因

对外界信息接收能力削弱

　　记忆的衰退本就具有选择性。有时候，记忆的退化只针对短时记忆。比如：十分钟前领导交代的任务，转身便忘记了。而长时记忆仍然保存完好，比如：抑郁症患者仍然能准确回忆童年时的美好画面，或者曾经被别人欺负的难受经历。短时记忆和长时记忆在神经机制和存储过程上存在显著差异。短时记忆更依赖于即时的注意力，当下的抑郁状态会干扰到当下的注意力。而长时记忆则涉及更为错综复杂的神经网络交互，相对独立于短期的情绪状态，因此抑郁情绪不太可能直接破坏这些长时记忆。

　　但也不能说抑郁完全不会影响我们的长时记忆。不良的情绪可能导致我们在提取记忆时更加偏向负面信息，这并不是改变记忆本身的储存状态，而是影响了个体对记忆的解读和评估。

记忆

↓ 分类

短时记忆 　　 **长时记忆**

↓ 受抑郁影响 　　 ↓ 受抑郁影响

各方面影响显著 　　 **影响对"记忆内容"的解读**

　　我们的大脑是不是很有趣？大脑如同一位技艺精巧的工匠，亦能巧妙地分类整理这记忆的宝库，但"抑郁"会让这位原本有条不紊的工匠遭遇挑战，其工作秩序与效率受到侵扰与破坏。

第三节　下了"懒"蛊的身体，让人停滞不前的秘密

"抑郁"有一个很明显的表现是"懒"，这种懒可不只是工作拖沓、生活邋遢那么简单。如果受到严重抑郁侵袭，我们甚至会懒得去喝水、吃饭，这些生存摄取都"懒"得做。这听起来是不是让人觉得不可思议？这些连低级动物都能完成的本能行为，怎么一个好端端的人却懒得完成？让我们带着诧异的心，继续剖析"懒"的外壳看看。

以"吃饭"为例来解释抑郁状态下的"懒"，我们或许能更加清晰地理解这种感觉。通常在需要食物时，我们会形容自己当下的状态为"饥饿"。中国汉字真是博大精深，我们将其拆开来看，这是两个有趣的字"饥"和"饿"。其中"饥"代表着个体实实在在的身体需求，是一种生理感觉。比如：我们会感觉到肠胃空空，四肢无力，头昏目眩。

而"饿"指的是个体的心理和精神层面的感受。比如：一个沉迷于实验的科研人员，即使废寝忘食，其精神状态也依旧饱满昂扬，好像并不感觉饿。反之，对于那些因情绪问题而陷入暴饮暴食的人来说，即便胃部已膨胀至极限，却好似没有饱腹感，继续进食。

所以，我们的需求和感受在当下的情况可以分开而论。

经过层层解析后，事情是不是越来越奇妙了？对抑郁症患者而

言，自然的生理需求与行动之间的联结可能会被切断。他们确实能正常地感受到生理层面的"饥"，但没有进食的行动力。这是因为即便身体发出了"饥"的信号，抑郁症患者却难以像以往那样自然地响应这些信号，这种"难以响应"并非简单的懒惰或是对美食失去了兴趣，而是更深层次的情感与认知障碍在作祟。

简而言之，如果我们是抑郁症患者，我们的身体很饿，但这副躯体的"饿、渴"跟我们没有任何关系。我们会感觉："嗯，让肉体饿着吧，我没有能力去满足它。"

此外，抑郁症患者也"懒"得进行社交，与外界的互动越来越少。无论家人、朋友、同事如何劝说，深陷抑郁的人们会始终无动于衷。在大家眼里，他们简直懒惰、拖延又邋遢。其实这并非抑郁症患者所愿，他们的世界像笼罩了一层无形的罩子，同外界完全隔离，走到哪里，这层罩子就跟到哪里。

抑郁症患者会回避社交，如果迫不得已进行社交，往往一个简单的社交场合就会耗尽所有精力。勉强撑到社交结束的那一刻，便会使出最后一丝力气，寻求解脱般地赶紧关上门。然后只能颓废地躺在家里。更确切地说，抑郁症患者的身躯可能都难以"拖"到床铺上躺下，而是就近窝在沙发上或是直接躺在地板上。

体验到这里，我们可能对抑郁的"懒"有了更清晰的认识。抑郁症患者看起来是扶不上墙的泥巴，实则正深陷沼泽里，没有任何着力点，维持不下滑都够费力，还指望他们能立刻凭空让自己从沼泽里爬出来？那简直是天方夜谭。

第四节   患抑郁症是因为太闲吗? 不! 他们可"忙"了

人们常常认为抑郁是"无所事事"导致的闲人病，因为有了太多空闲，个体才有时间胡思乱想。人们之所以这样认为，是因为抑郁症患者的的确确表现出"懒、颓废"的状态。站在健康人的角度看，这种看法似乎是合理的，实则却是对"抑郁"这一复杂心理状态的肤浅解读。真的仅仅是因为太闲了吗? 答案显然是否定的。

抑郁的真相："先病后懒"

事实上，抑郁并非由空闲直接导致，而是情绪障碍在先，懒散状态在后。抑郁症患者所表现出的"懒"与"颓废"，是疾病症状的一部分，而非其根源。

没有真正经历过抑郁的人，无法感同身受。这种情绪是由内而外的，让个体兴趣索然、丧失求助欲与行动力。这种由内而外的情感枯竭，远比外界所见的"懒"要复杂和痛苦得多。"抑郁的人懒"与"懒加重抑郁"，就像"鸡生蛋，蛋生鸡"的无解循环一样，不断滚成沉重的大雪球。

事情的真相往往还和常人的认知相反，抑郁症患者往往非常"忙碌"。我们如果能看到抑郁症患者的大脑，会发现其实那里如同喧嚣的战场。他们每天都会被各种"嗡嗡"作响的负面想法填满，不得安宁。抑郁症患者的内心也常常因自我攻击而疲惫不堪。

有位因抑郁而自杀的摄影师，在生前留下了这样一段话，我们可以从这段话中感受到挣扎与无力。他这么形容关于"走路"这一简单的行为："走路还是走路，走路要先学会走，要先修条路，要穿鞋，要穿袜子，要穿衣服，要穿裤子，有时候还要戴帽子，有时候要迎着风，要顶着雨，有时候还要说'借过、借过'。"在抑郁症患者的世界里，每一件事都会被病态地拆解为一系列的、繁琐的、忙碌的环节。一想到出门需要这么多忙碌的步骤，便不想走出去了。

抑郁症患者并非无所事事，相反，他们的思维活动异常活跃，只是这些活动都围绕着消极、沮丧的主题展开，形成了一种难以摆脱的恶性循环。我们既要理解周围人对抑郁症状的误解，人们并非责怪抑郁症患者，而只是缺乏对"抑郁"的了解。确实，没有经历过抑郁的人很难体会到被"摄魂怪"吸走能量的恐惧。此外，我们更要理解在"摄魂怪"阴影下的抑郁症患者，他们在无尽的、难以跋涉的沼泽区域里拼尽全力地、无助地挣扎着。

第五节 "摄魂怪"来了! 谁是它的 VIP ?

容易被"抑郁"抓捕的个体，往往比其他人更具有一些特质：

1. "温柔的小绵羊"：温顺、循规蹈矩、敏感细腻、依赖性强。

2. "完美主义的精灵"：容易因无法达到内心的标准而疲惫不堪、自责、焦虑。

3. "高敏感的玻璃娃娃"：同理心强、委曲求全、压力管理困难。

4. "孤独星球的居民"：不爱倾诉，缺少爱与陪伴，孤独、多虑等。

　　并不是具有以上特质的人就一定会成为"抑郁"的 VIP（要人，贵宾）。抑郁是多种复杂因素长期累积的结果，只是这些特质的个体，更容易成为"摄魂怪——抑郁"觊觎的目标。下面，让我们打开"摄魂怪"的斗篷，一起探索这片寒冷区域。

　　抑郁的形成机制：灰色的精神荒原

　　人们常常误以为抑郁的世界是黑色的，其实并不是黑色，而是灰色。抑郁个体感受到的也并不是多么深切的悲伤难过，而是迟钝麻木。这一点和罗琳描写的"摄魂怪"非常相似，它只是披着黑色的斗篷，但里面却是灰色的躯体。

　　在罗琳的书中，并没有人真正看清摄魂怪的样貌，她写道："它们的脸面如同草地上的一块空白，没有鼻子、没有眼睛，似乎只有一张凹陷的嘴巴。"现在就让我们鼓起勇气，看看斗篷下这个情绪系统的真实面貌。

摄魂怪 VIP 之一：长期的消极体验（感觉系统减退）

　　试想，现在我们面前有一块坚硬的石头，怎么样才能让这块顽石裂开呢？无论采取猛烈的撞击，还是精准的爆破，都能迅速分裂这块石头。这些皆是凭借短时间内积聚的巨大力量，再瞬间爆发造成的冲击。但还有一种看起来缓慢、杀伤力不强的力量，也能完成对石头的形态改变，那就是：滴水穿石。即使是缓慢的水滴，只要经过漫长的时间，也足以改变石头硬朗的形态。同理，我们往往认为只有重大的应急事件才会导致情绪决堤，其实，即使只是轻度、中度的不良体验，只要随着时间发酵，也会吞没你的情绪，如同滴水穿石的侵蚀。

案例： 郑州 56 岁的苏敏阿姨，从 2020 年开始自驾，在两年时间内独自驱车穿过了 200 多个城市，成为网络上的知名自驾游博主。是什么让一位中年女性毅然决然离开数十年的家庭生活，从此踏上以车为家的旅途？征服中国版图的"勇者"背后，藏着一段长期不健康的家庭关系。

苏敏阿姨出身于重男轻女的家庭，她从小没能从父母那里感受到足够的温暖。婚后丈夫更是一位非常苛刻、冷漠的人，导致苏敏阿姨最终患上了中度抑郁。为摆脱日益压抑的气氛，她选择重新踏上追寻人生的道路。

在苏敏阿姨的故事中，她之所以陷入抑郁，正是与长时间处于消极的亲密关系有很大联系。亲密关系里的长期指责、打压让她失去自信，非常容易困于情绪泥潭，难以喘息。家庭关系中每一次的漠然，看起来没有致命的杀伤力，但在日积月累下却足以压垮一个人对爱的欲望和意志力。经过两年以车轮丈量大地的旅行，归来时，家中场景依旧刺目。许久未见的丈夫只是头也不抬地抛下一句："呵，你还知道回来！"语言简短却无情地勾勒出过往生活里冰冷的轮廓，让人不禁为苏敏阿姨曾经的处境而深深唏嘘。

除了长时间处于不健康的亲密关系外，持续的工作压力也会催生抑郁的情绪。我有一位从事财务工作的朋友，前段时间突然出现了呕吐的问题，手机铃声响起时呕吐更为严重。起初，这被误认为是消化系统的问题，随后他被诊断为抑郁。他的生活里夫妻恩爱、家人健康、收入也不错，他的抑郁很大程度是源于长期处于高压和紧绷的工作状态。

　　此外，久治不愈的慢性疾病也会影响心态。令人诧异的是，当个体短时间内遭受剧烈伤害，如暴力性创伤、急性重症、交通事故等，虽令人猝不及防，却常常能爆发出人体内在的惊人生命力与坚韧意志。但如果是日积月累的、无关生死的慢性疾病，虽然病情缓慢、轻微，但是也能在漫长的时间里，一点点磨灭人的斗志和生存意志。

　　我曾有一段被膝关节疾病缠身的日子，那时医院成为我频繁光顾的场所，其间我遇到了众多饱受慢性关节炎折磨的求诊者。关节炎，是一种虽不危及生命却极难根除的顽疾。尤其是退行性关节炎，它是一种随年龄增长或者过度使用关节、关节创伤等导致的膝关节"老化"的表现。人体的老化不可逆转，所以，目前的医疗水平只能缓解症状，不能治愈。通过治疗后其症状消失，但是只要天气变化、身体着凉，或者剧烈运动后仍会复发。这种炎症当下既不会诱发死亡，也不会被宣判为残疾。

　　当我融入这个群体后，发现其中很多患者诉说的症状和专业医生给出的诊断并不完全一致。即使科学影像资料显示病灶轻微，但他们本人却饱受困扰。长期的病痛，让他们渐渐害怕使用关节，从而减少运动，导致肌肉萎缩，进一步加重关节疾病。在这种恶性循环下，患者渐渐陷入了情绪问题。消极的情绪像一双捂住"耳朵"的手，让他们根本接纳不到外界合理引导的声音，导致他们无法准确地判断自己的病情，讲述真实的病况。探讨至此，我们不难发现，受抑郁困扰的个体，都有一个共同特征，就是陷入自己的判断，与外界的评判分离。像独自走入一座围城，一开始他们还眺望外面的世界，随着围墙越垒越高，将他们的视野完全遮挡，他们也就习惯性地蜷缩在围城里，放弃挣扎。

这里分享一个我记忆深刻的病例。一个 12 岁的小姑娘，在某次膝关节扭伤后没有及时就医，陷入慢性关节炎的阴影。小姑娘反复诉说站立时膝盖发软等病情，但骨科大夫结合临床体查和医学影像得出的结论是，关节状态良好，无须药物干预，也没有任何手术指征。加强肌肉强化训练，逐步恢复并重返正常生活即可。但这个小姑娘已经因为长时间的自我感觉关节不适，辍学在家，影响正常生活。我第二次见到她时，她的父母正和医生沟通入院治疗的事宜，尽管医生多次强调她的关节状态不错，仍无济于事。

我不知道最后小姑娘的结局怎样，但我确实发现，这部分长期被不舒服感觉困扰的群体似乎在讲述病情时，都有一个共同点：主观色彩的语言比客观病情描述的语言更丰富。医生用手摆弄关节进行体查时，对于医生触碰关节的行为，即使手法非常专业安全，他们表现出的担忧和抗拒明显高于普通个体。可能漫长的不舒适已经诱发了他们的情绪问题，情绪问题正拿着放大镜进一步放大一切与病症有关的感受。这也同样论证了我们之前探讨的观点，这类群体会更高程度地沉浸在自己的感知世界。

所以，长时间的消极体验确实可能诱发抑郁。即使看上去那些不舒适的体验无足轻重，但就是这种"无足轻重"正温水煮青蛙般压垮人的心理防线。它缓慢但具有侵蚀性，往往你根本不会意识到抑郁正蔓延进你的生活里。

不健康亲密关系、工作压力、健康问题……＋长时间的体验→诱发抑郁

摄魂怪 VIP 之二：突发的重大变故

突发变故可能会让我们瞬间崩溃，失去自尊心，降低自我价值的认同，陷入一个自我怀疑却又手足无措的境地。像在游乐园玩跳楼机，娱乐设施在我们出其不意时突然急速降落，强烈的失重感让思维瞬间冻结。突然的变故会让曾经稳定的生活轨迹骤然断裂。原本我们的生活平稳有序，我们了解自己并能合理评估自己的能力、预判将来的人生轨迹。突然有一天，自然灾害的突袭、战火的蔓延、至亲的骤然离去、创业资金链断裂等重大劫难降临，自我认知系统被突如其来的波动打乱，我们对自己的周遭产生怀疑，曾经设定的未来蓝图化为泡影，随即陷入各种矛盾的挣扎。

遭遇重大变故时，我们第一时间会选择怎么应对呢？大概率我们会硬着头皮尝试面对这些灾难，也就是进入战斗状态。但问题就在于，此刻深陷困境的个体，其认知体系往往已遭重创，能量几乎耗尽，难以承担灾后"重建"重任。

面对这无力再战的境地，我们又该如何自处？这个问题的答案，正是导致"抑郁"的答案。

前文提到过，人面对困难时有两种应对方式：（1）战斗；（2）逃避。当我们丧失战斗力时，情绪系统为了保护自己，就只能采取另一种策略：以"瘫痪"来"逃避"对痛苦的接收。而"瘫痪"会让个体呆滞、活力尽失、身体僵硬，这正是抑郁的感受。

你瞧，我们的抑郁情绪虽然会给我们带来烦恼，但它本质上却是一种防御机制，是默默守护、竭力捍卫我们安宁的勇士。

　　此类抑郁的过程：重大变故 → 诱发"悲痛、无助、焦虑"等情绪 → 情绪警报拉响战斗警报 → 战斗失败 → 情绪系统转为自保，选择逃避：抑郁

　　比如：亲人的离别，如同利刃割心，如潮水般涌入的心碎感觉无法快速释放。我们的情绪系统，宛若在不断充气的气球，超过极限就会爆炸。情绪系统为避免爆炸，选择不再接收负面情绪，麻痹感受，由此导致了所谓的"抑郁"。情绪系统认为，至少"抑郁"能让我们躲过痛彻心扉，麻木地活下去。

　　失恋让我们原本的支柱、分享情感的支撑和分享倾诉的桥梁轰然断裂。我们遇到的"喜、怒、哀、乐"不知道再去跟谁分享。有些人能顺利找到其他排解方法，或是新的伴侣，或是兴趣爱好，或是运动发泄等。但有些人则徘徊在迷失的边缘，长时间未能找到排解的出口，终至情感的洪流在内心肆虐，情绪系统只能封锁内心如龙卷风一般卷席的情绪，这时候抑郁开始靠近。

　　遭遇严重的财务问题，如：破产、负债或投资失败，给人带来巨大的压力和焦虑。经济困境中感到无助和绝望的你在苟延残喘的时候，喜欢负能量的"摄魂怪"正在悄无声息地靠近，个体开始抑郁。

摄魂怪 VIP 之三：早年未妥善处理的创伤

　　早年经历的心理创伤如果没有得到良好的"救治"，创伤带来的疼痛感没有被彻底地释放，那这份创伤可能对我们将来的人生持续产生负面的影响。俗话说："小病不医成大疾。"

　　伊能静曾在节目中谈到自己的过往。由于父亲重男轻女，在母亲生到第七个孩子仍然是女孩时，父亲就失望地离开她们，重新组建家庭。而伊能静正是家庭"分水岭"的第七个孩子。她说："我小时候有一种罪恶感，认为我不应该活在这个世界上。"后来她努力工作，在自己的事业里找到了存在的价值，渐渐摆脱了幼年时内心的那份负罪感，但在她41岁离婚时，年幼时认为"自己是多余的孩子"的罪恶感卷土重来，她陷入了抑郁。

　　我们时常被鼓励要忘记伤痛，大步向前走。好像新生活的到来，真的能把旧的故事挤出人生章节。我们不愿回忆那些难堪的经历，希望它们堆在遗忘的角落里被灰尘掩盖。事实上这么做是扬汤止沸。早年经历这些创伤时所诱发的消极情绪，随着时间的遮掩，悄悄躲在某个角落。但在将来人生的某些特殊节点，这些沉睡的情绪可能会被再次唤醒。就像是打开了潘多拉魔盒，负面情绪、灾难的感受如乌鸦一般乌泱泱地飞了出来，我们被困在原地，寸步难行。

　　所谓"新伤易好，旧伤难医"，身体刚出现的伤口很好处理，只需清理、止血、消炎，很快就能再生出新的组织。但一个溃烂已久的疮，可能需要花费很大的力气才能处理掉整块腐肉，除了消炎还得上愈合剂辅助生长。心灵创伤同理，我们若是及时看见它、面对它、处理它，心灵的裂缝很快就萌发出新的嫩芽。若是我们把创伤视为一块"遮羞布"，觉得需要对抗它、逃避它、用时间掩盖它，那成年后的我们可能会出现信任障碍、亲密关系障碍、社交退缩等问题，陷入社会性孤独，进而抑郁。

　　真正强大的个体并不是对"魔鬼"视而不见，而是敢于直面它。

我愿分享一段曾尝试过的催眠疗愈经历。在催眠的过程中，我在潜意识里进入了一个屋子，并在那里找到一面镜子。我站在镜子前，镜子里出现了一个小丑。虽然它似乎比我高大一些，但我坚定地盯着它，你猜怎么着？那小丑终在镜中缓缓消散。所以，我们不必总是用"我很好"来掩饰，有时候在人生的旅途中，正视创伤的存在，等一等那个受伤的自己，与之并肩同行，创伤才能内化成我们人格中的力量。越是马不停蹄地扔下伤痛，它越是如影随形。

摄魂怪 VIP 之四：自我苛责和过度依赖

这类"摄魂怪"更偏向接近女性或者是具有依赖性人格的个体。

社会希望女性能扮演"温柔、照顾家庭"等角色。女性的褒义词常常为：温婉、乖巧、端庄、贤良淑德……这些赋予女性的词汇似乎都有一个共同点：女性需要在某种规范里约束自己。温柔的人需要克制情绪；照顾家庭的人需要在资源分配上考虑到其他家庭成员，故而不能无拘无束地按自我意愿使用资源。

在古代，不只是精神上要求女性在所谓的女德规范里自我苛责，就连躯体也被禁锢于深闺。那些"三寸金莲"便是对女性禁锢的畸形体现。虽然当代女性冲破了桎梏，寻求勇敢、独立，但这种解放仍然是进行时。我们来对比男性的形容词也许能看出还残存的区别之处。对男性的形容词大多为：风流倜傥、侠肝义胆、潇洒不羁……可见目前的社会仍然残留着性别歧视：女性更需要"自律"来满足社会的期望，而男性则靠敢拼敢闯又洒脱来赢得社会的赞赏。

　　传统女性的社会角色，会带来个体对自己的约束，并伴随一些附属伤害，比如：个体的情绪不能完全地表达和宣泄，习惯内在的压抑。这种自我苛责是"裹脚布"，让情感没有办法正常发育、舒张。另外，苛责自己的人也会经常反观、评判自我，进而引发自我攻击。（这部分在《蚂蚁循环的怪圈——过度自责》章节已阐述。）

　　关于过度依赖他人，依赖型人格的人像一根藤蔓依附一棵大树，圈圈缠绕才得以生存。它们能爬得多高，能多接近阳光，全仰仗大树生长的高度。长期通过他人给予价值，导致依赖型人格的人失去自我认知、缺少对自我价值的认同。过度依赖别人来遮风挡雨，也让个体没有机会练就自身抵御风险的能力。

　　为什么说这类"摄魂怪"更偏好女性？因为我们的社会对于有"依赖特质"的女性更加包容。当女性比男性缺少对抗社会风险的能力时，甚至在某种程度上被形容成"楚楚可怜"，反而更能继续获取保护。而社会对男性在此方面却更为严苛，倘若你是个手无缚鸡之力的男人，会被形容为"懦夫、小白脸"。这种社会性的包容显然更方便女性形成依赖的特征。但我一直认同"命运馈赠的东西，暗中都标着价格"的观点，只是偿还的方式不同而已。一旦仰仗的"大树"抽离，人就很容易陷入崩溃情绪里，抑郁的风险大大增加。

　　自我苛责、过度依赖、抑郁这三者环环相扣。因为依赖者的"物质、人脉、抗风险力、精神支柱"大多数都来源于"被依赖者"。这种不对等的依存关系迫使依赖者不断审时度势，所以，依赖者必须察言观色地"取悦"强大的被依赖者，以此维系关系，从中获利。这就导致：一方面依赖型人格的人因为"察言观色、谨慎讨好"而压力倍增；另一方面为了获取"大树"的供给，依赖者必须顺从，即使受到伤害也不敢违背"被依赖者"。这种长期的顺从与压抑，进一步加重了依赖者对自我情感的束缚，情绪系统又再一次被迫封闭。

第六节 奇妙的关联：抑郁与文化程度的关系

随着大众受教育程度的普遍提高、心理健康水平受关注度的增加，"教育"和"抑郁"这两个原本不相关的板块慢慢产生了碰撞。我们来探索它们会碰撞出什么样的关系？它们之间可能形成了正相关，也可能形成了负相关。

在探索这个领域时，我们先一起做些分类的准备工作：

1. 可以把受教育程度由低到高分为三个层次：基础教育、中等教育、高等教育。

2. 把人生的时间轴划分为三个阶段：前期、中期、后期。

将这些划分好后，有趣的探索就要开始啦！当探索结束时，我们都会找到令自己惊讶的答案。注意，这里分析的只是抑郁风险的高低，而抑郁风险并不代表抑郁情绪或者抑郁症。

受教育程度和抑郁正相关（人生的前期—中期）

目前比较流行的观点是，相较于未接受高等教育的人群，拥有高等教育背景者更易陷入抑郁情绪的旋涡之中。确实，拥有硕士、博士学位的人因不堪抑郁折磨而选择自杀的新闻屡见不鲜。为什么有"受教育程度越高的群体，越容易抑郁"的说法呢？其背后的逻辑可能深植于两大维度的考量：其一，着眼于个体先天特质，即高知识群体可能具备一些诸如善于思虑、对自我要求严格等性格特征，这些特质在某些情境下可能成为抑郁情绪滋生的温床；其二，则是对后天成长环境的剖析，受教育水平的提升往往伴随着更高的期望值。这些因素交织在一起，或许加大了高学历人群的心理压力与抑郁风险。

先天因素：一个人想要一步步登上学历的金字塔，他自身需要具备什么条件呢？

1. 需要具备安静、内敛的性格，专注于手头事务以及屏蔽外界干扰的能力。仅仅这些还不够，还需要有做事严谨、自律、善于规划等特质。但和喜欢"半途而废"的人相比，拥有这些特质的高学历者更容易长期处于一种"忍耐"的高压环境。换言之，能获得高等学历的人，他们本身就更具有压抑的特质和较强的自控力。

2. 在学业上一直保持上进的人，更具有完美主义倾向。他们在学业上的自我严格要求，只是"追求完美主义"性格的局部体现。

3. 此外，高知人群喜欢用大脑思维处理问题，也就是我们常说的"肯动脑子"。当被一种消极情绪困扰时，他们会习惯性地用思维压制住情绪，即"自我开导"，但事实上思维是没办法压制住情绪的。

我们大脑的功能可以简单地划分为三大层级，自下而上依次为：行为、情绪、思维。层级不同，复杂性与进化程度也各异。底层行为的功能，最为基础且原始，即便在低等生物如草履虫中亦能显现，它们虽无情绪、思维的维度，却已能展现出基本的行为模式。而思维的层面，则是高等动物即人类才拥有的，拥有"思维"是人类与其他生物的根本区别，它代表了最高级的认知与决策能力。

值得注意的是，大脑功能的层级之间存在着一种强弱梯度，即越是下层的功能，其根基越深厚、越接近本能，其力量往往更为强大，难以直接由上层的高级功能（如思维）所完全驾驭。这解释了为何在冲动之时，我们的大脑一片空白。由此可见，"思维性群体"单纯地想通过"思维"去处理"情绪"问题往往行不通。

另一种群体，在处理消极情绪困扰时，就有趣得多。学习成绩不佳的人往往注意力很容易被外界打断。他们更喜欢依靠"动"，而不是靠专注的思考来解决问题。俗语"四肢发达，头脑简单"就蕴含了这层规律。由此可见，两种不同类型的个体，在先天特质上确实有一定的差异。

先天因素对比

专注学业的群体	内敛、压抑、高度专注、追求完美、思维式解决问题
对学业无兴趣的群体	不容易持续专注、注意力容易转移

第一种类型的人，看起来抑郁的风险确实更高。

后天因素：

1. 学习时长因素。获得高等学历往往要花费大量的时间和精力。在现实中，为了不输在起跑线上，有些孩子的周末被各种补习班挤得满满当当。书桌上的练习册摞起来能将他们的小脑袋遮得严严实实。这说明排除了那些天赋异禀的特殊人群外，普通人若想接受到高等教育，需要花费比别人更多的时间去学习。

那么新的问题随之而来，需要比别人多花费多少的时间？这些时间又从哪里来？我猜有人会说："时间是海绵，挤挤总会有的。"可问题是每人每天的时间都为 24 个小时，时间总量不变的情况下，那这些增加的学习时间到底从哪块"海绵"里挤出来呢？答案是，只能从休闲娱乐、人际交往中挤出来。

假如一个人每天需要 1 小时的娱乐时间、8 小时的睡眠时间，共计 9 个小时是属于放松状态。当他每多挤出 1 小时用于学业钻研，他用于睡眠、娱乐的时间就会减少 1 小时。

当我们不停地增加学习、思考的时间，休息、娱乐的时间也在同步压缩，最后出现户外运动的减少、社交的隔离，这些都能增加抑郁的风险。

我有一位在音乐方面颇有造诣的朋友，他自嘲一路走来的时光是"铁窗泪"。小时候他经常坐在钢琴前练琴，满眼羡慕地看见窗外的小朋友嬉戏打闹。他坦言，相比快乐，不快乐的时间更多。他成长中大多数的时间都是枯燥乏味的。

2. 放弃学业付出的成本代价大。接受高等教育的人还会面临另一种困境，倘若学业发展到后期，却发现所学并非所爱时，接受不同程度教育的人处理方式也不太一样。初、中等教育程度的人，因为在该领域付出的学习成本较小，当兴趣与所学产生偏差时，更容易放弃原有学业，转向更为心仪的领域。可是对获得更高学历与职称的个体而言，放弃当前路径意味着舍弃多年辛勤构建的知识体系，他们大多只能选择继续扛下这份不舒适。这和他们放弃的沉没成本不一样有关，放弃构建了五层的金字塔，比放弃构建了两层的金字塔付出的代价自然更大。

除却直接的学习成本外，潜在的薪酬损失也不一样。多种因素的叠加，导致高等教育程度的人很难拔出腿，迈向另一个自己真正热爱的领域。

高学历的人放弃导致的损失：较高学习成本 + 较高的薪金

中、低学历的人放弃导致的损失：低学习成本 + 普通的薪金

我在日常的财务工作中注意到了这种情况，一直处于初级职称的同事，如果感觉实际的财务工作不适合自己，他们会从财务领域抽身，以摆脱不适感，寻找新的、契合个人兴趣的方向。但已考取 CPA 或者获得财务类高级职称的同事，即便发现财务工作并不适合自己，大多数人仍会继续从事财务工作。

由此可见，在某个领域里攀登到更高知识层级的人，即使不适，也很难放弃原有专业，毕竟损失惨重（包括过去的学习成本 + 将失去的高薪）。可是，是否放弃现在的专业也意味着他们是否在选择人生新的机遇。那些选择继续待在已经厌烦空间里的人，更容易疲倦烦躁，加大抑郁风险。

3. 年龄因素。还有一个更加现实的问题摆在眼前，受教育程度更高的人，在年龄上也不具备优势。通常而言，大学生毕业时 22 岁，研究生毕业时 25 岁，博士及更高学历的人年龄更大，这也意味着他们面

临的就业、生活压力也在加码，而自身又因为追求完美，对手中的筹
码应得到的待遇期望较高。这种冲突让他们沮丧。

高学历的人期待高回报 + 职场难以满足期待 = 难以解决的持续冲突

低学历的人报酬接受度更广 + 职场更容易满足期待 = 较少冲突

我那位从事音乐的朋友通过人才引进回国后，顺利在一所大学任
教，获得令很多人羡慕的岗位。他却私下向我吐露了对薪资福利的不
满意。在和他的沟通中，我才意识到在某件事情上越追求完美，为此
付出的心血越多，期望就会越高。期望值的拔高本身并不是什么坏事，
问题的症结在于：当期望的峰峦日益峻拔，与现实之间难免会形成一
道难以跨越的鸿沟，被沮丧、失望等消极情绪困扰的概率也越大。

所以追求高学历、接受高程度教育本身不会导致抑郁，但这些复杂
的因素就像不同的催化剂，在它们共同的作用下，抑郁风险大大增加。

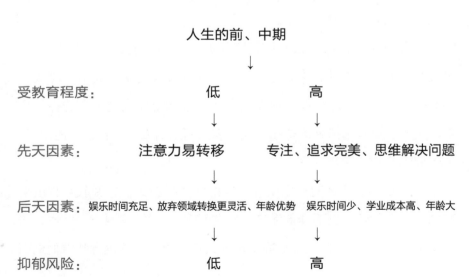

受教育程度和抑郁正相关的情况：

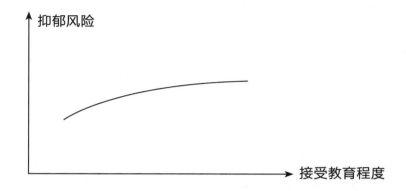

在人生的前期、中期，随着受教育程度的增加，抑郁风险也随之增加。

受教育程度低的群体抑郁风险 < 受教育程度高的群体抑郁风险

受教育程度和抑郁负相关的情况（人生中期—后期）

漫漫人生路还没结束，看待问题不能只着眼于当下，还得展望未来。从关于前半段人生的分析可以看到，受教育的程度越高，抑郁风险越高。我们尝试着把时间轴拉长，看看会有什么有趣的情况发生。

人生进度条拉到一半后，受教育程度高的人，因为前期的苦苦积累，构建了更广泛、更完整的知识体系，易于获得更多的物质、更多的人脉等资源。这些东西在人生年轻的阶段里无足轻重，但在人生中、后期却成为坚实的保障。

在中、后段的人生里，遭遇风险和困境时，受教育程度更高的人，可以获得更多元的资源调度。（未接受高程度教育的人，也有获取资源的途径。这里我们讨论普适的情况，不讨论"幸存者偏差"。）

同时，受教育程度高的人，他们所形成的知识体系能提供更多角度的观察、分析、处理事情的能力，让他们出现意外的概率减小。因此，这时候的时间轴上，受教育程度越高的人，负面情绪更少，抑郁的风险开始下降。你看，人生总是这么有趣，谁也别想逃过支付给命运的筹码。

在人生的中、后期，受教育程度高的人具有以下优势：

1. 出现"捉襟见肘"状况的概率比较小。

2. 即使出现了困境，也拥有丰厚的资源修补漏洞。

反观人生前期舒适快乐的另一方，进入这个人生阶段后，要想有效地应对同样的困境，耗时长、费精力，情绪开始变得不太乐观。因此，在人生的中、后期，受教育程度越高，解决困境的资源越多，情绪问题越少，抑郁和受教育程度呈负相关。

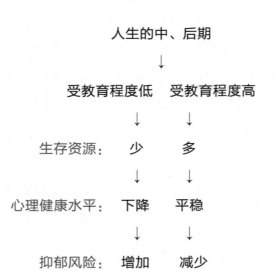

受教育程度和抑郁负相关的情况：

人生的中、后期

↓

受教育程度低   受教育程度高

↓   ↓

生存资源：   少   多

↓   ↓

心理健康水平： 下降   平稳

↓   ↓

抑郁风险：   增加   减少

人生中、后期，受教育程度高，抑郁风险下降。

受教育程度低的群体抑郁风险 > 受教育程度高的群体抑郁风险

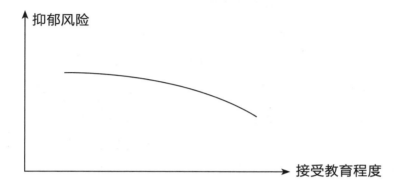

根据上面的分析，我们可以总结出：

1. 在人生的前、中期，受教育程度低的群体抑郁风险＜受教育程度高的群体。

2. 在人生的中、后期，受教育程度低的群体抑郁风险＞受教育程度高的群体。

我们审视完整的数轴起伏后会发现，无论是"受教育程度越高的人，更容易抑郁"，还是"受教育程度越高的人，越不容易抑郁"，这两种观点都失之偏颇，它们都只概括了人生轴上不同的阶段，并不是全貌。

这就是命运蕴含的普适道理（特殊个案除外）。如果我们想从命运手里偷得一丝"捷径"，偷走的筹码会在后半段人生里偿还；前半段付出的筹码，会在人生后半段得到回馈。人生的天平始终由命运维持着平衡。通过这次探索，本书更想分享的观点是：

人生总有艰难攀登的上坡路，

也有轻松驰骋的下坡路。

我们可以选择先上坡再下坡，

亦可以选择先下坡再上坡。

无论哪种选择，属于我们的人生路途总量不会变。

真正增加情绪风险的不是上坡路的艰难，也不是下坡路的轻松，

而是贪图享乐的个体总企图逃过一些属于奋斗的人生路。

不做侥幸的贪心者，就不会为风险买单。

第七节　抑郁机制的解码：类型化处理策略大全

不同的负面情境会引来不同种类的"摄魂怪——抑郁"，如同《哈利·波特》系列中那些令人心悸的情节，但每一次危机降临，魔法师们都靠勇气与智慧施展出独特的魔法，成功地将这些摄魂怪驱散。他们都采用了哪些魔法呢？我们能不能从中借鉴?

战胜抑郁的方法一　呼叫守护神：保持正念

面对极易催生黑暗绝望的摄魂怪，书中的魔法师们会集中精力，在头脑里回忆一生中最美好的记忆，以此来对抗摄魂怪带来的消极与绝望感。他们用这份美好记忆的能量召唤出独属于自己的守护神。守护神有一种积极的魔力，象征着希望之光、幸福之翼、坚强的生存意

志，能让摄魂怪散播的失望与沮丧无计可施。

在抑郁阴霾下蹒跚前行的人们，同样拥有藏在人生皱褶里的美好小片段，比如来自爱我们的亲人、朋友以及陌生人的温暖，童年放学路上偶遇的一朵小花，或是一段背着书包、踢着石子归家的无忧时光。只是负面的情绪将这些温暖的片段隐藏了起来。当我们像一滩泥一样毫无生机地瘫软在床上时，尝试着回想人生中的明媚，并通过冥想放松，产生正念，驱赶心灵的寒夜。

下面介绍实用的冥想方法：

1.找一处舒服的角落，选取一个最为舒适的姿态，集中注意力放在感知上。

2.深深地吸气、呼气，每一次吸气都是一次更新，每一次呼气都是一次清理。随着这一呼一吸的韵律，我们越来越放松。这种放松从头顶开始慢慢地蔓延到面部、颈部、肩膀、双臂、胸部、肺部、腹部、臀部、膝盖、脚掌直到脚趾。

3.如果练习时察觉到身体哪一部分有紧张感，稍作停顿。每一次吸气时在这里带入气息，每一次呼气时气息离开，同时允许紧张感按照它的方式流动，不要试图去对抗紧张。

4.冥想时不思考过去，也不思虑将来，把注意力收回到自己当前的感知和体验上。比如：你能感觉新鲜的空气正进入你的胸腔、你的手脚微微发热等等。每个人都有属于自己的体验。

5.冥想结束后，将这种体验和正念带到生活中。

值得一提的是，《哈利·波特》中的魔法师们对守护神的召唤需历经试炼，才能学会如何成功运用守护神击败摄魂怪。我们的这种

"冥想"方法同样需要反复练习，才能感受到它的成效。

书中不同魔法师的守护神形态各异，哈利唤出的守护神是一只象征父母的牡鹿；罗恩唤出的守护神是一只小狗，映射出他的忠诚与勇敢；赫敏的守护神是一只代表聪明、机智的水獭。每个守护神的形象都带有魔法师本人的个性色彩。细细想来，其实哪有什么守护神？这些所谓的守护神不正是魔法师自己的"勇气、信心"的具象化吗？再回头看看我们自己，燃烧在我们胸膛的希望和积极的信念，才是真正击败"灰色情绪——抑郁"的最强能量！

此外，《哈利·波特》中有个片段让我记忆犹新。哈利在一个险些被摄魂怪吞噬的时刻，突然有人帮他呼唤出守护神，才让哈利得救。哈利想找到那个在绝望中向他伸出援手的"英雄"，于是通过时光沙漏穿越回当时的场景。结果那个拯救他的"英雄"竟是穿越回去的自己！那撕破黑暗迸射出的银色光芒，正是自己对自己的救赎。

战胜抑郁的方法二　改变思维模式：只关注可以改变的问题

生活中我们总是会遇到形形色色的烦恼，我们企图将所有的烦恼一一"摁"下去，这显然是徒劳之举。毕竟随着时间的推移，会不断有新的烦恼从生活里冒出来。就像小时候玩过的"打地鼠"游戏，地鼠总是从各个角落冷不丁地冒出来。所以，纵使我们有三头六臂，也不可能完美解决所有的问题。若是想面面俱到，除了无限内耗外，还会愈加烦躁。另外，有些现实问题，平凡的我们确实无能为力。那应该如何应对生活、工作中遭遇的问题呢？——只关注可以改变的问题。

首先，我们可以将面临的问题归为两大类：一类是我们无法调整的问题，即不可控的问题。比如：一个人的原生家庭、年龄、种族等。另一类是我们可以调整的问题，即可控的问题。比如：我们对待人、物、事的态度以及采取的行动。

在明确这一分类后，我们应当精准聚焦于那些"可控的问题"，关注可以调整改变的部分。

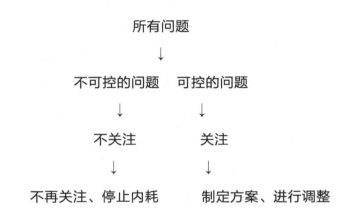

以下是对问题进行分类的具体步骤：

1. 列出所有让我们感觉不舒适的问题。

2. 将这些问题分为可以改变、没法改变的两种情况。即可控的问题、不可控的问题两类。

3. 只关注可以调整改变的问题，收回对不可控问题的关注。

当把宽泛的"不舒适"浓缩为我们力所能及的情况，问题就变得简单多了。这种思维方式的转变，可以让我们节省精力，减少内耗，集中精力攻克值得攻克的"堡垒"。例如，以往我们总想着如何解决100个烦恼，经过分类，发现实际只有30个烦恼值得关注。那我们就节省了应对其余70个烦恼的精力。这部分省出的精力可以让我们轻松应对那30个值得改变的烦恼。在分类的过程中，我们还能发现，原来有那么多烦恼只是庸人自扰。如同生活中的蒙蒙大雾，不过是一些障眼法，拨开迷雾，我们就能扼住烦恼的核心。

战胜抑郁的方法三　情景指导：模仿榜样

我们不去探讨哪种思维模式、行为方式是正确的，哪种思维模式、行为方式是错误的，而是致力于发掘那份最契合自己的模式。正如不合脚的鞋终将给脚部带来伤痛，那些不适合我们的思维、行为模式，亦会在时间的侵蚀下，让我们的心灵承受不必要的磨损。也许，曾经这些思维方式和我们相匹配，但随着成长和阅历的积累，有些模式成了"不合脚"的鞋。因此，所谓的"抑郁"，可能是我们的情绪系统正在向我们发出"警示"：它们不舒服。目前的模式让我们内心不和谐，我们得换一种更适合自己的方式生活。或许，是目前所处的周遭环境在消耗我们；或许是正在处理事情的内在方式不适合我们。把"抑郁"当成一种潜意识提醒我们的语言，它呼唤我们关注现状。把"抑郁"视为一种深层的潜意识交流，这也许是一块不错的、值得深入探索的领域。

既然我们已经明白了这些"老朋友"的用意，看见了这些情绪传递的信息，那该如何进行思维、行为模式上的调整呢？在此，我分享一则对我个人颇为有效的策略：找到一个在我们所困扰的同类问题上，总是处理得很棒的"榜样"，然后去模仿他的行事方式。比如：在工作中，遇到同事推诿给我们原本不属于自己职责的工作任务时，因为不善于拒绝别人，所以常常"哑巴吃黄连，有苦说不出"。我们可以观察一位在职场上善于为自己树立边界的同事，模仿他如何拒掉不属于自己职责范围内的任务。以后遇到类似问题时，我们可以在刚开始时"依葫芦画瓢"，再根据自己的具体情况对模仿的方法进行创新，整合出适合自己的方式。这一步最重要的是把学到的技巧内化于心，让它和个人的风格融为一体。需要注意的是：模仿不是目的，整合出属于自己的方式才是目标。

具体操作方法如下：

1. 明确困扰我们的烦恼。

2. 寻找到在这类问题上总是处理得当的人，模仿他们面对这类问题的积极态度、遇到问题时稳定的情绪、解决问题的行为，等等。切记，模仿不是最终目标，而是辅助我们探寻自己的途径。

3. 给予自己奖励，强化模仿行为。

4. 根据实际反馈，对模仿的方式进行整合，形成一套适合自己的模式。

这个方法的目的并不是成为别人的影子，而是帮助我们打破旧的模式，让我们看见并体验到原来世界上还有其它各种不同的模式。毕竟，打破旧的模式需要我们充满挑战的勇气，未知的途径会让人心生怯意。但在改变的过程中，有一个好的参照"榜样"，会让我们面对未知更有底气。

要成为真正的勇士，仅有模仿来的勇气是不够的，我们最终要建立起自己独立的力量。正如尼尔·盖曼（Neil Gaiman）所说："学习如何模仿，然后超越模仿。"因此，倘若你毫无变通地生搬硬套他人的模式，那只是东施效颦。模仿的意义在于感知、体会、理解、再创造。

模仿法：模仿→领悟→强化→整合、调整→创造契合自己的模式

诚然，不是每一种方法都对所有人适用。如果上面的"模仿法"让部分人感觉不太合适，无法产生共鸣，没关系，毕竟不是每一个人都善于观察、模仿他人。尤其对于那些更喜欢自己独立探索的心灵而言，强行的效仿或许会显得格格不入。那不妨尝试接下来的另一种方法，或许更符合无拘无束的独立特性。

战胜抑郁的方法四　改变行为方式：先做后想

关于"先做后想"法： 相较于西方文化的激进，中国文化整体更偏向稳重。我们有《孙子兵法》中的"稳中求胜"，也有《论语》中的"三思而后行"。现如今各国对中国的形容是"静观其变的神秘东方小姐"，这也恰如其分地描绘了我们文化中偏好深思熟虑、谋定而后动的行事风格。所谓"先思考、后行动"的模式是先设定目标、思考实现目标的步骤、预判可能出现的风险并制定预防措施，一切周全后再付诸行动。尤其是面对重大问题，先思考再行动是个不错的选择。但对于已经深陷抑郁的人，将这个模式逆向一下，或许更为有效，即先行动、再思考。

我们来探讨一下这两种模式的差别。比如：我们要制订一个阅读的计划，我们先纠结到底是制订日计划还是周计划，每次阅读量是多少……我们认真计划一番，最后再开始阅读。显然，这样会拖延时间，使我们迟迟未能进入阅读的海洋。现在试着颠倒一下顺序，让阅读成为即时的实践：我们先进行"阅读"这个行为，再根据每次的阅读能力与效率反馈，灵活调整阅读时段与阅读量。我想这或许能更快速地打破我们不阅读的行为模式。

再举一例，我们的房间一片狼藉。我们与其坐在地板上思考着如何从头到尾将房间整理干净，不如即刻行动起来，先让房间的一个角落干净明亮起来。在这个过程中，我们的行为、习惯已经在发生改变。

同理，我们若为薪酬困扰，面对捉襟见肘的窘迫，与其畅想计划，不如直接开始每天花四十分钟时间，通过网课备考提升自己，拓宽职业道路。在这个过程中，充实会提升我们的心理健康指数，让整个生活状态越来越好。

至于我们一直被肥胖困扰的问题，我们总是选择先在备忘录里制订减肥计划：这一周里我要去多少次健身房，上多少次塑身课……制订完美计划的我们或许更应该直接运动起来。我们的内心不是得到结果后才满足，实施的过程中也能积累能量，让心理健康指数上升。

在禅修练习中，有一门独到的方法是，若要修行，第一步先做到"背部挺直"。这个简单的动作被认为可以增加人体的阳性能量，即阴阳观念中的阳气，进而对性格产生积极的影响。当我们挺直背部时，不仅改变了身体的形态，也改变了我们面对外界时呈现的姿态，从而在某种程度上影响了我们与外界互动的思维方式。这就是一个"先有动作，再影响心态和思维"的典型例子。

抑郁的人为什么适合"先做后想"？

对于抑郁症患者而言，他们行动力极其低下；大脑思绪之繁杂犹如电视机没有信号时屏幕上的雪花；思维则像锈蚀的齿轮运转不畅。所以要想逃脱"摄魂怪——抑郁"，就一定要想方设法让抑郁症患者先动起来，动是最关键的一步。尤其是大汗淋漓的运动，持续半小时至一小时后，抑郁症患者会感受到那层笼罩的麻木情绪被"撕开"，虽然这个时间很短暂，但也算让灵魂有了片刻喘息。

我知道这很难，抑郁往往会困住个体。没关系，不必苛责自己，我们可以尝试着从微小的行动开始。但如果继续在思考上耗费精力而不行动，只会雪上加霜。

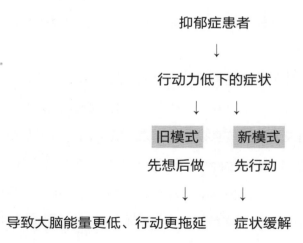

这个方法还有一个好处，它同时可以改变我们对待事情的态度。我们一直认为态度决定行为，但其实行为也能影响态度。行为的力

量有多大呢？如果我们先做出了某个"行为"，为了合理化这个"行为"，我们原本的态度往往会随这个"行为"而颠覆。

案例：我有一位非常喜欢猫咪的姐妹，她的父母却并不喜欢会掉毛且需要被照顾的猫咪。她对养猫的渴望一直困扰着她，后来她意外领回了一只流浪猫，并把它视为家庭成员。

随着时间的推移，她的学业和工作变得繁忙起来，无法全天照顾猫咪。她的父母被迫接手"铲屎官"的工作，包括喂猫粮、清理猫砂等。起初，父母只是勉强配合，对猫咪并没有太多的兴趣。

然而，经过一段时间的相处和照顾，奇妙的事情发生了。父母渐渐地对这只猫咪产生了深深的疼爱，甚至比对她还要更宠溺。他们时常抱着它蹭蹭，在天气转凉时，他们还为猫咪织了一件小毛衣。一开始勉强为之的行为，随着次数的增加，生活模式的转变，态度也发生了变化。

脑科学冷知识

当我们的思想（思）、行为（行）、情绪（情）、心理（心）保持一致时，我们会觉得很舒畅。如果其中有一项步调不一致，就会让我们感到别扭。好比在愤怒之时被要求强颜欢笑，或在喜悦之际被迫哭泣。这些不协调的环节让我们感觉不适。反之，思、行、情、心统一时，我们就会很舒适。比如：生气时我们握紧拳头，表达出不满。开心的时刻，我们开怀大笑，尽情展现愉悦，我们会感觉特别顺畅与自在。

因此，当我们做出了一个行为后，大脑为了维持内在的和谐，避免冲突带来的不适感，会自动调整我们的思考模式与情感态度，以保持整体的统一与协调。这才出现了上述对猫咪有爱又温馨的一幕。

以上是我认为行之有效的方法。当然，我们还能找到其他适合自己的方法，无论采取哪种方法，根本目的都在于读懂情绪传递的警惕信号。倘若我们能有勇气打破旧的模式，我们就会被命运奖励一份崭新的开始！

战胜抑郁的方法五   朋友间的协助：建立支持系统

在与摄魂怪的生死搏斗中，正是凭借三位好朋友共同团结、相互扶持，才汇聚了更强大的魔力。当我们陷入情绪的低谷，被不舒适的"抑郁"所笼罩时，我们也需要积极寻求身边人的帮助与支持。

陷入"抑郁"的人往往伴随着自责，大脑里会回响着一个自我贬低的声音，认为自己是个"累赘"。如果没有现在不省心的自己，父母生活一定更舒心。如果没有自己这个拖油瓶，团队大概能更快完成任务。身边的人遇到这样的自己，可真是倒霉透顶。再加上病症导致与外界联结的隔离，抑郁症患者在微弱的光线里，独自面对高大的"摄魂怪"时，只能蜷缩在角落里瑟瑟发抖，无法求救。如果这时候有一两个支持系统主动站在抑郁症患者的身后，给予温暖的包容，他们就能稍微"暖和"一点，思维和躯体不再那么"僵硬"。

抑郁症患者周围的支持系统，可以做些什么来有效地帮助他们呢？

1.避免批评与指责。不要以"你怎么这么懒？怎么这么差！"这样的言语评判他们,这种评判只会加深他们的自责感,不利于情绪的恢复。

2.不要催促、强求。"你要坚强,要快点好起来。"我当然知道,抑郁症患者的家人、朋友是多么恨铁不成钢,家人、朋友无法理解他们为什么像扶不上墙的烂泥。

或许我的某段人生体验可以帮助抑郁症患者身边的人更好地理解真相。在我腿部骨折,被迫依赖轮椅的日子里,没有人说:"嘿,不就是腿坏了吗?坚强一点,站起来走两步溜溜。"大家都能理解,对于断腿的患者来说,仅靠"坚强"立刻完成直立行走,是不可能的,毕竟骨骼的康复需要治疗周期。同样的道理,我们让抑郁的人坚强一点,相当于是让断掉腿的人站起来行走。可是,大多数人只能理解身体看得见的伤口,不理解情绪的创伤。

3.抑郁症患者周围的人能给予的支持方式是静静地陪伴。是的,除了陪伴,什么也不用做。对抑郁症患者而言,有人站在这里"看见"他们,这本身就是治愈。不要给他们分析解决的办法,相信我,抑郁导致的内耗和大脑风暴,让他们无数次分析、剖析事情,此时的他们不需要再将仅存的能量继续耗费在无用的思考当中。

战胜抑郁的方法六 寻求专业帮助

在《哈利·波特》的奇幻世界里,如果魔法学校的学生们靠自己以及同伴的团结之力,仍无法击退摄魂怪时,他们的师长会赶来加入战斗,并协助、引导、教会小魔法师如何处理摄魂怪。同样,周围的人倘若意识到自己无论如何努力，都无法将抑郁症患者拽出负面情绪的深渊，专业的心理医生就是带着魔法棒前来支援的师长。在这个支持系统中，不要羞愧于邀请专业医生参与进来。

刚开始尝试寻求专业人士帮助时，如果效果并不理想，不必灰心，这很正常。就像魔法学校中，所有师长分属不同学院派别，而每个新生需根据性格特征，寻找与之匹配的学院归属。因此，抑郁的人需要找到能与自己同频共振的心理医生，不要因为一两次的求助失败就心生沮丧。

战胜抑郁的方法七　治愈抑郁的终极法则

看到这本书的你，也许已经有幸找到了和自己契合的专业人士，或者找到了适合自己的疗愈方式。但此刻，能量不足的我们，可能会出现对专业人士、药物等的过度依赖情况，无论采用心理咨询、药物治疗、物理治疗，还是手术，它们都不应该是我们人生道路上救命的"稻草"。所有的疗愈方法都不应该是我们的依赖对象，而应该是我们人生旅途中的摆渡船，把我们从一个孤岛送到与外界相连的岛屿。在它们的帮助下，我们走出了闭塞的岛屿，我们重获活力。我们要勇敢地挥手，告别那艘将我们送离的"小船"，踏上与外界互通的世界。

治愈的终点不只是摆脱痛苦，更是学会探寻内在的智慧和勇气。真正的治愈是在它们的帮助下，渡过人生的暗河，踏上自己的旅途。

我之所以想分享这个顾虑，是因为抑郁的人群中存在着一部分依赖型人格者。而在这个情绪体验过程中，这类人如果依赖上心理医生或者药物，看起来似乎稳定了很多，但这只是一个"假象"。其实抑郁症患者的思维与行为模式并未改变，只是从一种"依赖"转变成了另一种"依赖"。我们只有登上新的岛屿，实现内在模式的转变，才是真正的治愈。

战胜抑郁的方法八 日常生活中，如何预防以及防止抑郁复发

倘若上面所有的方法都难以执行，没关系，抑郁这种黏滞的情绪确实会让人缺乏行动力。下面分享一些更轻松有效的行为方式。

（一）保证充足的日晒至关重要。北欧的挪威尽管在教育、医疗等领域享有盛誉，却不幸成了世界上抑郁率较高的国家之一。这一现象很大程度上归因于挪威处于高纬度地带，那里光照时间极为有限。长期的阳光匮乏，诱发了人们低落的情绪。所以，"摄魂怪"非常喜欢侵蚀这个冰川的国度。万物向阳而生，人类亦然。亲近阳光能促进维生素 D 的合成、改善生物钟、调节神经递质等，这些都和抑郁有密不可分的联系。

我们只需要知道，当身体沐浴着太阳时，潮湿的情绪也会被一同晾干。这是自然馈赠给我们预防抑郁最轻松的魔法。

（二）亲近大自然。感受大自然细腻的抚慰，有助于缓解我们的压力。置身于草地上，情绪仿佛也慵懒地躺在松松软软的植被上。那蜷曲在一起的沉闷情绪，变成了蓬蓬松松的轻盈"羽毛"。这是防止

灰色情绪蔓延的最舒适的魔法。

（三）规律的运动。运动可以从三个方面瓦解抑郁。

1.被抑郁困扰的人往往感觉身体多处不适，这是抑郁病症的表现形式之一。通过运动增强体质，提升对自身健康的信心，能减少对身体状况不必要的疑虑和担忧。同时，较强的身体素质能有效地提高我们的抗压能力。

2.运动能巧妙地融合其他抗抑郁策略，达到事半功倍的效果。例如：选择瑜伽类运动，可以结合冥想练习，既达到了运动的功效，也放松了神经系统。选择散步、慢跑类运动时，可以与户外大自然相结合，在大自然的疗愈下释放身心。选择健身房锻炼的人群，则可以结合健身课程，在运动的联结下，融入更多的群体，打破社交隔离。

3.运动是促进体内多巴胺等"快乐激素"释放的有效途径。这些神经递质的增多，能够有效缓解个体的负面情绪。这也是当我们困于压抑的环境时，会有奔跑、打球等冲动的原因。倾听身体的需求，我们会对自己了解得更多。

第八节　抑郁逆行记：勇者之路有何风景？

魔法光芒下，摄魂之怪无处遁形。

现实困顿中，心中鬼影终将释怀。

希望之火苗，仍熠熠生辉照四方，

烧透了黑暗，点亮了平和的黎明。

　　某一天的某个时刻，我们突然感觉一直笼罩在身上，让我们与外界隔离的麻木"罩子"有了一丝裂缝，我们好像能通过这道裂缝和外界发生联结了。这个时刻，可能是在某个下班途中，我们忽然发现自己能感知路边花朵的颜色；也可能是我们坐在窗前，突然能注意到天空中有可爱的白云和柔和的阳光。灰色的世界终于有了一些色彩晃动的影子。但"情绪罩子"的这一丝缝隙不会持续太久，一两个小时后再次闭合，我们又回到与外界隔绝的状态，"抑郁"再次笼罩。但不用担心，自从那天后，"情绪罩子"时常都会在下午裂开，我们和外界联结的次数越来越频繁。

　　直到有一天我们如梦初醒，自己好像已经很久没有被情绪所困扰，连自己都未曾察觉到。我们的房间也不知道从什么时候起由凌乱不堪变得越来越整洁有序。我们很从容地应对着每一天的学习、工作、生活。这一切都发生得那么不经意，那么理所当然。

　　真正走出抑郁后的人生是怎样的？人们总以为走出抑郁的人是快乐的，欣喜的。其实并不是！他们反而是平静的，平静到他们自己都难以觉知。这时候的他们重新获得了活力和力量，这份活力和力量会以一种极其宁静的方式展现。

　　　　人们以为，有能力坚持度过抑郁的人，

　　　　　会变得比别人更加强大，更加坚毅。

　　　　　其实他们只是变得更加包容、平和。

　　　而这种包容、平和才是人生真正的无所畏惧。

如果可以，请允许我更确切地表达这种状态：人们以为战胜了抑郁的人，会握紧那双在痛苦里磨炼出的"金刚不坏"拳头，有力地对抗余生的挫折；其实他们只是摊开了手掌，用温厚的手平和地接住了接下来的人生！

此外，度过抑郁的人会对人生产生一种接纳感。这种接纳感是个体可以用一种更广阔、更丰满、更立体的人格，去容纳那些尖锐、膈应的人生棱角。就像硬朗如钢的山阻断了水流的步伐，水流则会围绕着山继续流淌，没有对抗，只有浸润和偶尔泛起的水花，后来就连巨大落差的水花都成了漂亮的瀑布！

● ● ●   情绪之旅 · 体验心得   ● ● ●

相比其他情绪的跌宕起伏，"抑郁"显得死气沉沉、毫无生机。它的康复也只是逐渐的、平和的能量回暖，这是它区别于其他情绪最大的特点之一。

如同摄魂怪一般的"抑郁"虽然可怕，但并不神秘，它之所以能伤害我们，是因为我们自身的一部分能伤害自己。事实上"摄魂怪 ——抑郁"唯一能侥幸依附的负能量并非来自别处，恰恰是来自我们自己的供给。所以，我们要相信，一定有别的正能量来守护自己。而这份守护的力量，当然也同样来源于我们自己！

情绪收纳盒

　　本章在魔法学校的帮助下，我们体验了抑郁，看清了包裹在黑色斗篷下的灰色情绪，并在魔法世界里掌握了治愈"抑郁"的方法。这些方法分别是：

　　1.冥想放松，唤起正念。

　　2.改变思维模式：只关注可以改变的问题。

　　3.情景指导：模仿榜样。

　　4.调整行为方式：先做后想。

　　5.为抑郁症患者建立有效的支持系统。

　　6.寻求专业人士帮助。

　　7.康复后，不过度依赖任何方法，独立踏上新的人生征途。

　　8.日常生活中，预防抑郁以及防止抑郁复发。

第 六 章

束缚的枷锁——紧张

　　枷和锁是古代的刑具，用以剥夺被囚禁者的行动自由，使其四肢受限。被囚禁者戴上枷锁后，手脚难以舒张，即使被囚禁者体魄强健、力能扛鼎，也难以施展力量。与之相似，"紧张"这种情绪如同枷锁，也具有较强的束缚力量，让我们的思想和躯体僵滞，纵使我们满腹才华，在紧张的桎梏下，也会变得呆若木鸡，才华和能力也难以施展。但"紧张"如果释放得当，也会为我们提供出乎意料的能量。本章我们一同来体验这趟"束手束脚"的情绪之旅。

第一节　"紧张"的真实感触：情感与躯体的紧缩

　　想象一下，现在我们的身体被几根粗壮结实的铁链捆绑在一条石凳上，我们竭尽全力去挣脱这束缚，希望能站起来舒活筋骨，结果会怎样呢？不管我们的躯体如何发力，沉重的铁链都会牢牢封印住我们的力量。这种徒劳无功的感觉正是紧张的真实写照，它不仅仅是身体上的不适，更是心灵上的一种压制。

紧张的躯体表现：个体全身肌肉紧绷，身体变得僵直且微微颤抖，坐立不安，来回搓手、踱步。呼吸频率加快，同时呼吸越来越浅，这感觉好像我们正身处高原，高海拔导致空气中的氧气变得稀薄，让我们不得不浅而快地喘气。随着呼吸节奏的变化，心率也随之加速，如同长跑时心脏剧烈跳动。即使不用手触摸，我们也能感受到脖颈、手腕脉搏"怦怦"跳动。

汗液分泌增多，可能是手心、脚心冒汗，也可能是额头、鼻尖、后背的汗珠滚落。体温下降或燥热，表现为手脚冰凉或脸颊潮红。面部表情不自然，也许是眉头紧锁，也许是嘴角抽搐、牙关紧闭。随着紧张的情绪枷锁越箍越紧，我们开始出现眼冒金星、喉头收紧、肠胃不适、尿频、腹泻等状况。

如果用春、夏、秋、冬这四个季节里的躯体感受来形容"紧张"的体验，那就是：嘴巴和喉咙如同春季吸入花粉、柳絮时产生的发紧灼热过敏症状；汗如雨下，如同在夏季高温里狂飙；嘴唇、皮肤和触感则是秋季里的干燥敏锐、紧绷；身子却像在寒冬的凉风里，肌肉为锁住体温而收紧，僵紧得瑟瑟发抖。我想，以上对躯体感受的呈现，应该能较具象化地唤起我们曾经在紧张场景里的感受。

紧张的情感体验：我们感到惴惴不安，似乎想做点什么却又无从下手。心浮气躁，恨不得溜之大吉。恐惧来袭，总感觉会遭受负面评价，或者面临失败的场面。

紧张的思维体验：思维混乱或者陷入一片空白，常被形容为手忙脚乱或者手足无措，此外，还常出现钻牛角尖的情况。这是因为当我们被紧张这种情绪控制时，我们的思维空间会受限，难以洞察全貌、做出更正确的选择。这种思维上的狭隘和固化可能导致我们"钻牛角尖"，只着眼于面前的"一亩三分地"。

第二节   脑科学探索：为何排斥紧张

"紧张"这种情绪对我们每个人来讲，都不陌生。幼年时，生病打针，看见针头的我们哇哇大哭，护士安慰我们说："放松哦，小朋友。"但屁股的肌肉却莫名收紧得硬邦邦。小学时参加学校演讲比赛，我们在家反复演练，背得滚瓜烂熟，可一登台，面对台下乌泱泱的观众，那些明明印在脑瓜里的故事，像是被封印了一样，愣是一个字也蹦不出来。步入中学，备考的知识点在我们脑海中储存得满满当当，然而一踏入重要考场，那些知识仿佛被拆解成零散的部件，又像是被蔓延的情绪单独囚禁，无法协同作战，难以串联成解题的流畅答案。工作后参加面试，一向伶俐的嘴巴像粘了胶似的，我们努力思索着如何完美回答 HR 的问题，但话到嘴边却变成了"呃……"或"嗯……"。再后来，在情感的世界里邂逅了心仪的男孩或女孩，心脏"扑通扑通"直跳，正如大家所说的"小鹿乱撞"，我们明明想表现得魅力十足，心中的小鹿却让我们跟系住手脚似的笨手笨脚，不是打翻了水杯，就是踩到别人的裙角，尴尬至极。

这些场景中，我们或多或少都曾经历过。这么一看，"紧张"像个小捣蛋，着实烦人，它会在我们的生活里闯出各种各样的祸事。我们排斥某种东西，是因为它给我们带来负面影响，可能是不舒服的感觉，可能是由于缺乏了解而感到陌生的不安，也可能是我们觉察到它潜在的威胁而采取的自我保护等。我们排斥"紧张"，也是这些缘由。

的确，当我们站在旁观者的角度观察时，上述这些情况确实很糟糕。也难怪我们会排斥"紧张"。我们努力工作、努力生活，却在临门一脚时，遇上"紧张"这个让人束手束脚的小捣蛋。如同精心烘焙的蛋糕，最后出炉时却非要盛放在破旧的盘子里。这实在令人烦恼。

可是，我们的才华和努力总不能被几条锁链禁锢吧？那不如尝试将这些束缚一一松绑，去争取更多的人生空间。如果处理得当，这些束缚或许会成为助力攀登人生巅峰的绳索。

这么一看，"紧张"更像神话故事里踩着风火轮的混世小魔王"哪吒"，小小的身躯蓄满无穷的力量。世人提到他，皆避之不及，一度连神仙太乙真人都误解了哪吒是邪恶的存在。一番较量后才明白，其实只要教化得当，哪吒还真是个有用武之地的小可爱。当我们走近"紧张"、了解"紧张"，会发现适度的"紧张"也如同蕴藏着巨大能量的小"哪吒"。

第三节　大脑机制解读：紧张源于大脑"误判"

我们之前共同回顾了现代生活常见的紧张场景：打针、考试、演讲、求职等。难道"紧张"这种情绪只是当代社会的产物吗？当然不是，它是早已刻进人类DNA的情绪之一。在远古时期，我们的祖先就已经体验到这种紧绷的情绪。那么，祖先的紧张感受和现代社会中我们感受到的一样吗？大体是一致的，只是紧张的对象、紧张持续的时长等，有些许差别而已。

在人类的各个历史时期都会充满挑战和威胁。因此，任何时期都少不了"箭在弦上"的紧张。远古时，个体需要躲避自然界的地震、山洪，物种与物种之间产生的狩猎警觉或被捕为食的危险识别，在这些情绪刺激下，祖先大脑里的自主神经会被激活，从而进入紧张状态，挑战危险，维持生存。

现代社会虽然没有洪水猛兽这种直接的生存危机，我们对自然灾害也有了相应的预防和救援措施，曾经关乎生死存亡的灾难，现在已成为排名靠后的隐患。当这种最紧迫的警报解除后，"紧张"这种情绪系统又将在我们的身体里何去何从呢？

答案是"紧张"会存续在物种基因里。发展至今，它们会把考试、演讲、面试、求职等人生场景，视作远古时代的"洪水猛兽"来处理。这就可以解释，为什么很多人面对这些人生场景时会产生如此强烈的情绪反应。

如果下一次再有人嘲笑我们："嗨，不就一次考试吗？不就一次演讲吗？你干吗这么紧张？"我们不必感到难堪、羞耻。因为我们已经知道，在这些人生环节中，我们的大脑将其视为一场场关乎生死存亡的战斗。当战斗的号角吹响，谁会在意旁人嗤笑我们拿起武器进入战斗状态？就像火山来临时，让生灵逍遥自在地观赏火光迸现、悠闲地享受岩浆无情的炙烤？这岂不是荒谬。

因此，我们被旁人指责和嘲笑是上不了"大场面"的人时，大可不必烦恼。我们可以长舒一口气，我们很棒，我们没有什么特殊。当我们坚定了这个想法后，再面对紧张情绪会轻松很多。不必过度在意，不将"紧张"特殊化，这是打开"紧张"的第一把名为"自信心"的钥匙。

小时候，我第一次登台表演前也被紧张缠绕。我感觉自己的手脚仿佛被透明胶带缠住，不听使唤。妈妈看出我的怯场，跟当时的我说："没关系，你上台后，把下面的脑袋瓜都当成南瓜、冬瓜。"这句话虽然没能彻底消除我的紧张，但还真让缠着我的"胶带"松懈了不少。后来我才知道，这并不是她的独有方法。当妈妈小时候身处紧张场景时，外婆也用同样的方式给她慰藉。长辈们虽然无法详述这些话语背后的心理机制是什么，但知道这样能缓解一部分的紧张感。事实上，长辈们是在帮我们的大脑理清现状，将大脑视为"洪水猛兽"的场景，转换成其他轻松场景。

工作后，我的第一份理想职业是教师，我需要在讲台上模拟说课，由台下的评审打分。有经验的老教师跟紧张兮兮的我说："你就将台下的评审都当作和你一样的新教师就行，说不定部分评审所学专业压根跟你讲课的专业不相关，能听出个啥名堂来。"这样一来，我慌乱的心一下着了地。后来老教师告诉我，在他年轻时，带他入行的老师也这么让他想象。虽然没有人去揣摩背后的原理，但大家都知道在实战中它的疗效好像还真不错。

回顾这些，我意识到这些话语里暗藏着的共性：让个体把大脑里认为可怕的场景，转换为安全、熟悉、可控的场景。这样"紧张"的情绪就跟束闭的花骨朵一样，自然而然地慢慢舒展开来。表演时，台下的观众成了年幼的我最喜爱的南瓜；说课时，评审换成了和我旗鼓相当的新手，或者是我能忽悠的"门外汉"。这些场景都变为我可掌控的、有经验的场景。

领悟这个共通点后，我后面转行其他工作时，无论是当行政讲解员，还是成为讲解员培训师，我都能更从容地应对。那么有哪些具体、实用的方法呢？

方法一：转换场景

如果我们恰巧是以上类型的"紧张"，不妨试试：1.告诉自己：我并不特殊，人人都会紧张，从我们祖先起就与紧张相伴。同时，能感受到紧张，说明情绪的土壤里孕育出了"紧张"这棵嫩芽，我们应为自己骄傲。2.最重要的一步是提醒自己，这是我们的大脑把现在的场景误认为远古时期的"洪水猛兽"，我们得帮大脑认清它，并将其转换成一种司空见惯的可控情形。

探索到这里，有人或许会说，我已经在尽力将这些"可怕"的场景解读为安全的场景，虽然有所缓解，但仍然能感受到那种心脏怦怦跳的紧张。本书一直在强调一个观点，我们不是要消除某种负面情绪，而是探索如何同它们共处，协助个体在这些情绪下找到属于自己的生存方式，获得"松弛"感，并从看似负面的情绪里，得到积极的意义。对于残余紧张感，我们还有第二种办法。

方法二：带着"紧张感"做事

没错，我们需要和"紧张"合作，与其一心消除"紧张"，不如配合。如何与其协作呢？先来看看我们每个人都处理过的场景。当家里来客人时，为避免出现局促的氛围，制造活跃的气氛，我们通常会打开客厅的电视机，在电视的背景音下同客人们谈笑。这时候，虽然电视播放着节目，但并不会影响我们谈话的进行，甚至还能偶尔调节尴尬气氛。同样的道理，我们可以将"紧张"视为我们人生旅途中的背景音乐，不要执着于不遗余力地消除它们，随它嗡嗡作响，我们继续处理事情。这个方法并不难，在某些情景下我们在无意识中也已经使用过此方法。

譬如：考生进入考场时，哪个阶段最紧张呢？开考后的前半小时，是考生们最容易手心冒汗的时刻，但大部分考生们仍然能带着紧张的情绪继续埋头答题。随着答题的深入，考生们的注意力慢慢汇聚在了试题上，开考半小时后，大部分考生甚至忘掉了紧张。

这就是本节分享的第二种方法，带着残余的紧张感，继续处理我们眼下的任务。还有个好消息，在残存的紧张情绪下，我们反而能提高效率。日常懒散的学生，在考场上反而能争分夺秒地解题。

第四节　当代年轻人特有的"紧张"

大自然有昼、夜之分，被大自然孕育的我们，身体里也同样有条不紊地运行着"昼、夜"这两套系统，这样才使得我们能安全地生存在大自然里。现在，让我们一起来认识一下，负责日出而作，日落而息的两套系统。它们分别是：

1. 交感神经系统（Sympathetic Nervous System）：负责激发兴奋。

2. 副交感神经系统（Parasympathetic Nervous System）：负责休息和恢复。

简单地说，交感神经系统负责白天的工作、战斗，类似于身体的"启动按钮"；副交感神经系统是"暂停按钮"，负责晚上的休息、放松。

交感神经系统 $\xrightarrow{\text{功能}}$ 兴奋 $\xrightarrow{\text{作用}}$ 提高工作效率

副交感神经系统 $\xrightarrow{\text{功能}}$ 放松 $\xrightarrow{\text{作用}}$ 节省能量

如果说人体是一台规律运作的机器，我们的交感神经系统就是负责把重要的机器发条紧一紧；太紧绷时，我们的副交感神经系统则负责把机器的发条松一松，调节我们的身体功能，降低心跳速率和血压。在这两套系统的协调配合下，我们的工作、休息张弛有度。

然而，当人类世界在自然界和谐的韵律滋养中缓慢发展起来后，一切也在悄然地发生改变。从最初诞生的电、无线通信，到现在的 5G 互联网，这些从未在自然界中存在过的事物出现在生活里。它们带来高效、便捷的同时，也打破了人与自然的原始节律。我们的工作和生活不再遵循传统的日出耕耘，日落休息模式，可以随时随地持续工作。

月上树梢时，本该休息的我们，却还在电脑前处理各项事务，使得"副交感神经系统"没办法执行放松、休息的任务。取而代之的是，负责激发兴奋的"交感神经系统"在岗位上加班加点地制造应激状态。原本负责一松一紧的两套系统，现在却持续使用一套系统，一直将神经收紧，我们开始持续紧张。

除了网络因素外，交通工具也日益发达。以前我们去不同区域办公，需要一两天的交通时间，路途中还能小憩一会儿，放松心情，给紧绷的神经放个假。而现在的我们到任何区域都非常便捷，从一个区域出发，很快便能抵达另一个区域并开始工作。我们甚至可以抛开交通工具，通过网络便能继续工作。在高效率的工作状态下，个体处于无休止的紧张状态。

科技的进步同样改变了员工的管理方式。以前，大家工作期间如需外出，请示即可，还可能美滋滋顺道遛个弯。后来外出需要刷工牌卡记录，但也还能去附近喜欢的咖啡店，顺手带杯咖啡和甜点，在忙碌中寻得片刻闲适。现在的工作期间外出，通过公车定位或手机软件，究竟去了哪里，用了多长时间，管理层一目了然。我们的时间就这样被严丝合缝地焊接在一起，紧张的状态也就这样不间断地暴露在职场中。我的妹夫就处于实时被监控的职位，虽然业绩和薪酬可观，但整个人都时刻处在紧绷的状态，这也让他的交感神经系统持续战斗，进而感到不适。

随着现代科技的发展，这类"紧张"的情绪枷锁让工作区域、休息区域的边界越来越模糊，导致大自然孕育的系统和现代科技造就的系统步调错乱。科技本应助力我们在历史舞台上跃动得更轻松、更便捷，现在却成为沉重的脚镣。科技的快节奏扰乱了个体原本的节律，让我们的身心出现了新的问题。

倘若继续肆意地将大自然赋予人类的节律打乱，创造出混乱状态，混沌的紧张感也就会慢慢成为现代社会的常客。长此以往，即使个体空闲下来，也难以放松，常常辗转难眠。对于白、夜班混合的职业群体，这种"紧张"导致自主神经系统紊乱的情况更为常见，这部分群体的失眠成为常态。

我的家庭中有三位跨昼夜的成员，分别是：小叔（机长）、小婶

（空姐）和堂哥（飞行员）。最初吸引我探索睡眠和紧张之间关系的，正是他们。工作中他们通常飞四天班，休息两天。但四天上班日里，会有两个白班和两个夜班不固定的搭配。这也意味着这种不固定的搭配违背昼夜节律。此外，他们还可能跨越多个时区，频繁的时差变化和作息调整，干扰了他们身体的生物钟，导致破碎的睡眠状态。

　　这个过程中他们身体中负责兴奋的"交感神经系统"和负责休息的"副交感神经系统"随着工作性质的变动，开始不固定地轮岗。因此，开战斗机的小叔 30 岁时转为了民航机长。当然战斗机飞行员的年龄限制是其中的一个原因。即使轻松许多的民航也有规定：工作人员在两个航班之间必须休息 10 个小时。飞行员通常也可以补觉到第二天上午 10 点。但这种做法也无济于事，他们在上午补觉的时间里，又会让本该"上岗"的交感神经系统被负责休息放松的副交感神经系统"压制"。

　　这类新型"紧张"产生的缘由，我们可以理解为：交感神经负责白天，副交感神经负责晚上。白天让交感神经占主导，工作效率才能提高；晚上让副交感神经占主导，才能进入良好睡眠，否则就会诱发紧张失眠。

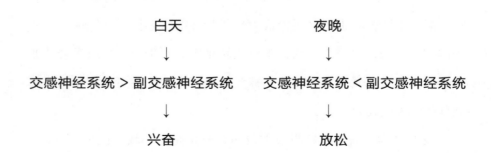

新"紧张时代"的问题源头：

1.交感神经系统侵占副交感神经系统领域，导致个体持续紧张。

2.科技进步打破了时间、区域、管理边界，导致交感神经系统被侵占。

处理这类紧张时，顺应规律的作息自然是最好的办法。但每个人各有自己的生活剧本，我们尊重每个人对自己剧本时差的编排。应该规律作息的道理虽然都懂，但我们却常常无法做到。既然难以克服，那我们就进一步探讨一下：当代社会，我们为什么难以戒断熬夜？我们又为什么喜欢颠倒时差？

毋庸置疑，排名第一的缘由自然是学习、工作的繁重，我们不得不挑灯夜战完成白天剩余的任务。我们先将这一项冠冕堂皇的缘由搁置，一起来探讨一下熬夜更真实的、更深层次的原因。

"熬夜党"真的是在马不停蹄地工作、学习吗？至少我不完全是。我同大多数熬夜族一样，无非就是躺在床上追剧、刷 App 或者打游戏。有时候即使困得不行，还得强撑着，再玩一会儿才肯罢休。

这真是一个很奇怪的现象，我们通常会根据身体需要和大脑发出的指令做出让自身舒适的行为，怎么这一次我们似乎跟困意唱起了反调？答案是，当代社会残酷的压力和时间的压缩，让我们过度失去可以自由支配的时间。白天马不停蹄地忙于学习、工作、家事，我们并未得到充足的休闲娱乐时间，导致私人时间匮乏，只有夜深我们才勉强感受到属于自己的时光。所以，我们才会抓住这一寸私人空间，不肯放手。与其说"熬夜党"在主动选择颠倒时差，不如说他们在被动寻求私人时间领域。熬夜实质是一种自我补偿行为。

想要改善这类紧张情绪，就得让生物钟按时运作。为达到这一目的，根本的解决方法是，在白天的忙碌中做到劳逸结合，给自己的内心留出足够的空间，降低自己娱乐空间的匮乏感，这样才能从心理根源处改变熬夜的习惯，从而让交感神经系统与副交感神经系统有序地为我们服务。昼、夜系统趋于稳定，"紧张"感自然而然也就从心、身两方面逐渐松懈下来。

白天侵占"私人时间" $\xrightarrow{导致}$ 娱乐时间匮乏 $\xrightarrow{后果}$ 夜晚弥补私人时间

熬夜本质：对"私人时间"的补偿行为 → 神经紊乱（紧张）

解决办法：白天增加属于自己的"私人时间"→ 减少匮乏感 → 缓解补偿性熬夜行为

如果部分群体受工作和生活状态限制，确实难以留出足够的私人放松时间，又该怎么办？没关系，我们还有第二套医学角度的方法可供探索。在分享第二套方法时，请允许我再强调一次，我们的目的不是将负面情绪斩草除根，而是探索与之和谐相处的方式，并从中衍生出一种"松弛"感。接下来，让我们一同探寻第二种方法吧。

我们的大脑是一块复杂精妙的区域，深入探索将永无止境。所以，在这里我们就简单地把大脑划分为两块区域：思维区域、感受区域。

脑科学冷知识

　　假如将大脑一分为二，我们会发现容易产生"紧张"情绪的个体，其大脑的"思维区域"不停地工作、活跃着。当"思维区域"异常活跃时，"感受区域"自然就不够活跃。

　　探索到这里，事情就简单多了。我们需要怎么做呢？——增强"感受区域"的活力。当"感受区域"的能量增加后，"思维区域"的能量自然就会相应减少。

　　或许有人会质疑，这听起来像纸上谈兵，具体该怎么操作呢？答案是增加我们的各种感官刺激（即五官刺激）。比如：让眼睛看到更多的事物、耳朵听到更多的信息，总之就是充分刺激各类感官，以此来拓展感觉的区域。这就是为什么过度紧张的个体可以通过一场篮球运动或者一场旅行缓解紧张的心理，以及为什么久坐苦学、对周围一切事物缺乏好奇的学生，更容易疲惫紧张。

　　洞悉"紧张"情绪背后的玄机后，我们不但能利用"紧张"提升工作、学习效率，也能通过不同区域的切换，让生活更加松弛。如同打开了基因的密码，探索到一片远看是搁浅人生扁舟的"礁石"，实则是一片广阔畅快的大海。

第五节　摇身一变：谁给"紧张"披上了时尚马甲？

在能量类零食的精彩广告片段中，一个起初疲惫不堪、力不从心的人，在补充了一份能量食品后，瞬间重获新生，双眸闪烁着活力之光，化身为充满无限能量的耀眼主角，步伐轻盈，精力充沛。再比如，某些咖啡的广告宣传语对上班族也极具吸引力："咖啡一杯，精神百倍。""咖啡一杯，困意全飞。"无独有偶，某款知名的维生素功能性饮料，其广告语也直击消费者内心："困了、累了喝……""让你的能量，超乎你的想象。"这些产品的"提神醒脑"功效，本质是让交感神经系统持续运作、制造兴奋。能量性产品可以让我们的躯体加速心率、呼吸急促，精神状态一直处于困意全无的紧绷状态。

透过这些时尚潮流的表象，我们深究下背后的真相。正常情况下，当我们持续战斗、能量透支时，大脑会感受到疲惫的信号，发出放松、休息的指令。副交感神经系统接到指令后，引领我们进入休息和恢复的时段。然而，功能性饮品的强势介入，干扰了疲惫信号的传递，让大脑无法接收并响应来自身体的疲惫信号，不知所措的大脑只好撤回休息的指令，重新发出战斗的命令。交感神经系统被迫继续营业，超负荷地进入持续紧张的状态。

换言之，躯体在说："我累了，需要休息。"被忽悠的大脑却说：

"不，你不想休息，你可不累，你只想干活。"听起来是多么滑稽，那么，究竟是谁把制造"紧张"包装成了一种时尚潮流？

我一直认为社会运作遵循两大规则：1."利益驱动法则"，即谁获利，谁推动；2."变革动因理论"，即谁难受，谁改变。这场"紧张潮流战"背后真正的受益者才是这场"时尚潮流"的推手。我们大多数人作为这场潮流中的被动参与者，更多时候是迫于生存的压力、激烈的竞争环境等因素，不得不改变自己，卷入其中。所以每一个"我"的社会角色不一样，参与"紧张"文化的立场和答案也就迥然不同。

我们不能只是简单评判这种追求紧张潮流的是与非，而应致力于探索其中的来龙去脉，让冰山下更庞大的真相浮出水面。我们只有尽可能地探索事件背后的全貌，才不会像盲人摸象一般处理困扰，才能找到真正适合自己的情绪调整方式。

看清这种"紧张的时尚潮流"后，再判断是否随波逐流，如何理性地追随。这些答案都由我们正在扮演着的社会角色，或者我们期待扮演的社会角色所决定。

第六节　紧张的聚光灯效应：被你虚拟的观众

在经济学中，对新商品进行价格定位的策略是什么？当市场上出现一款新商品时，常用的商品价格定位法有两种：1.企业根据经济模型制定出一个合理且具有竞争力的价格；2.如果无法准确获得数据，难以合理估算出商品价格时，商家会退而求其次，采用依赖市场策略，即参考市场上同类商品的价格水平来为新商品设定一个相对合理的定价区间。这两种方法并非孤立，常混合使用，此处只做理想化的阐述。

很巧妙的是，我发现人们对自我价值的评价系统，似乎也遵循这个模式。通常情况下，个体对自己在社会中的能力、价值有一个基本定位，也就是我们常说的"人有自知之明"。一个缺乏自信的人，由于对自我价值和能力的不确定，从而无法合理评估自己的价值。这种内在的缺失会引发什么状况呢？

如同市场中因信息不全而导致的定价难题一样，缺乏自信的个体只能更多地依靠外界的评价去估算自己的价值。这就导致这类人常常会因为担心别人对自己的负面评价而陷入紧张。因为他们没有可靠的自我评价体系，所以人生中的每一个"他人"都成为自己的打分裁判，每一个场景都成了一次考核。这时缺乏自信的个体，会产生"聚光灯效应"。（聚光灯效应是指当个体或事物处于聚光灯下时，周围所有注意力和关注度会集中在他身上，而周围的其他事物则变得相对模糊、黯淡。这个概念源自当舞台上的聚光灯只照亮舞台上的特定区域，会使这个区域成为焦点。）如此一来，众目睽睽下的个体当然会感到紧张。

当然，自信的人也会参考外界反馈来调整自我评价体系，但他们与缺乏自信的人截然不同。缺乏自信的人过度依赖外界评价，将其作为构建自我认知的基石。这里只是简单的理想化阐述，不考虑其他复杂因素。

脑科学冷知识

　　自信的个体是根据外界的反馈"调整"自我认知，而缺乏自信的个体是根据外界的评价"构建"自我认知体系。

　　其中后者的"构建"，在源头上更依赖别人。前者的"调整"则是个体基于已拥有的认知、行为模式，不轻易被外界左右。

　　两者对待外界评价的态度不同，情绪回馈也就不一样。这就像是饱腹的人进入商店，看到琳琅满目的食品，他们能从容不迫、有选择地浅尝或略过。而饥肠辘辘的人进入商店后，如饿虎扑食地全盘接收。自信心匮乏的人就像后者一样急切地接收着外界的评价。

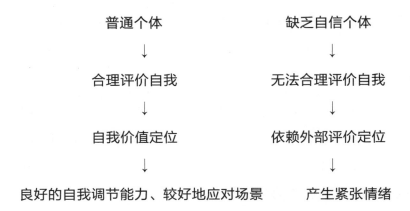

普通个体　　　　　　　缺乏自信个体
↓　　　　　　　　　↓
合理评价自我　　　　　无法合理评价自我
↓　　　　　　　　　↓
自我价值定位　　　　　依赖外部评价定位
↓　　　　　　　　　↓
良好的自我调节能力、较好地应对场景　　产生紧张情绪

　　原本我想把"缺少自我认同"等同为"缺乏自信"，但在探寻的过程中，我意识到即使是自信的个体，其实也会在某个时刻对自我价

值产生怀疑。比如：PUA 精神操控，它可以使一个自信的个体"萎靡"。类似 PUA 这种手段是如何击垮一个自信的人，让个体在亲密关系里如履薄冰的呢？这实质上也是操控个体与外界评价系统的关系。

无论 PUA 的手段怎样五花八门，都必定包含三个重要的环节：第一步，将受害者与外界隔离；第二步，让被隔离后的受害者进入他们的评价系统；第三步，让受害者产生自我怀疑。

第一步，切断受害者与外界的联系。比如：他会以"我更喜欢两人独处的时光"为由，让被操控者脱离原有社交圈。再比如：当我们兴高采烈地参加聚会时，对方总是显得十分沮丧，并且告诉我们"你跟你的家人、朋友们就算关系再好，他们也会组建自己的家庭，我才是始终陪伴你的人"等等，以此完成第一步，让你与外界隔离。我们都知道，一个自信的个体离不开外界给予的正反馈，一旦切断与外界的联系，本质是击垮个体的外界评价系统。

前面已强调，大脑的感觉区域对我们是如此重要，PUA 的实质其实是缩小我们感觉的丰富性，让我们陷入一种狭隘的感受中，在这段关系里变得小心谨慎。

第二步，让被操控者落入他们的评价系统。为达到这一目的，前期他们可能会使用呵护备至的"甜蜜"炸弹，博取受害者的充分信任。他们会贴心地帮助受害者处理各种生活、工作中的困扰，总是给予受害者温暖的反馈与帮助。他们在受害者的世界里占据的位置越来越多，这时候受害者也会对他们越来越在意，对于彼此关系的波动也越来越紧张。

第三步，打压受害者。这时候受害者已经对加害者产生了足够的信任。加害者的真面目开始暴露出来，他们挥舞着"镰刀"，收割着这些"韭菜"。他们会指责受害者"你总是搞砸事情，你总是情绪不稳定"，同时标榜"我是多么宽容，总是为你善后"。如此一来，即使自信的个体也会产生自我怀疑，变得唯唯诺诺，对操控者以及这段关系战战兢兢。

通过 PUA 的操控现象，我们可以明显地看到评价系统对我们稳定情绪是如此重要。因此，想要缓解类似的"紧张"等负面情绪，我们需要构建良好、健康的外界互动系统，并且拥有独立的认知能力，不依附于任何外界评价系统，并尽可能地使外界评价系统更多元化。

还有一个有趣的经济学现象：在投资某类组合产品时，我们会通过加权平均的方式评估这项投资组合的风险水平（即将每一项投资产品按照在投资总额中的占比，进行风险分摊）。经济学认为，投资产品的种类越丰富，风险就越小，因为投资组合中不同类型的产品风险会相互抵消。比如：杜蕾斯前期产品是避孕套，后来开始生产儿童纸尿裤。这两类产品之间的风险就可以相互抵消，即避孕成功是杜蕾斯，避孕不成功还得找杜蕾斯。这样无论避孕成功与否，杜蕾斯公司的总风险都能在一定程度上降低。再比如说，采用不同的货币储备，一种外币贬值，另一种外币增值，就能抵消风险。换言之，一项投资组合中的产品越单一，投资风险就越大。而投资风险越大，投资者就越紧张。反之，想要降低风险，就得有足够多的产品。

了解这些社会热点和有趣的经济现象后，我们自然就明白，要想破除"紧张"的魔咒，要做到：第一，拥有稳定的自我评价体系和自信心，不过多受外界评价操控。第二，有种类丰富、体系完备的外部评价系统，不拘于某一个人或某一个团体的评判，也不陷入狭隘的感觉系统。

　　那束局限的光，往往源于自我定位的狭小框架，构建了一个紧张的演出场域。而台下那些所谓的"观众"，只是敏感且缺乏自信的个体假想的形象。只有自我认知不再轻易被外界的喧嚣所动摇时，才能开启更广阔的人生篇章。

第七节　两剂药方，有效缓解紧张

　　到这里，我们已经触及一部分个体因缺乏自信而产生"紧张"情绪的情形。这就像缺少稳定的地基的建筑物，其结果必然是摇摇欲坠，难以承受人生的风雨。那现在我就沿着这条情绪线索，继续挖掘自信缺失的根源，从根本上有效调整"紧张"的情绪。

　　不妨问问自己，人生中让我们最"紧张"的考试是哪一场？我猜测以下这两种情况导致异常紧张的考试位居榜首。

　　第一种情况是进考场前知识还未背熟、掌握得一知半解的那场考试。要是放弃吧，也下了不少功夫，不甘就此罢休；想顺利通过吧，又可能差那么一点，难以全然自信。考试结果好坏取决于分值的分配是否刚好倾向于自己已掌握的部分。这种考试，比那些一问三不知而彻底死心的考试更加恼人，也比熟练掌握了知识的考试，更加让人忐忑不安。

　　第二种让我们特别紧张的考试是对人生极其重要的考试。比如：

中考、高考、考研，因其结果能深刻影响人生道路的方向，所以特别令人紧张与不安。和这些重大考试相比，随堂测试就令人放松许多，毕竟一次随堂测试对我们的影响微乎其微。

　　这两种考试恰好代表了我们人生中引发紧张的两种重要因素。一种是与"忐忑考试"相类似的场景："紧张"源于能力不足。比如：没有做好准备的演讲、没有排练的演出，等等。这一类紧张根植于没有做好充分的准备、没有足够的实力，从而没有足够的底气，正所谓"巧妇难为无米之炊"。缓解此类紧张的办法是：第一，时间充裕的情况下，可以尝试做好时间分配，脚踏实地地训练，一砖一瓦的努力都能填补根基的空缺；第二，假如时间分配不足，抓住重点，勇于放弃细枝末节，让焦躁的我们至少有了主干的框架，减少紧张情绪的侵扰。

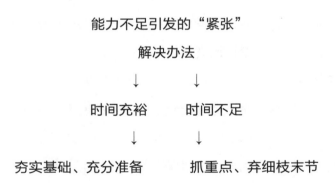

小时候初学骑自行车，我们紧张地握着把手，这是源于平衡技巧的缺乏。在摔跤中习得了足够的平衡方法后，我们最终骑起来轻盈似风。学习驾驶汽车时，从紧张地上路体验到放松地穿梭于道路之间，靠的是驾驶相关理论知识的掌握以及实战经验的积累。从初涉游泳池时的瑟瑟发抖，到在深水区的畅快自如游动，也离不开从技能的模仿到技能的娴熟运用的过程。从紧张迈向自如，自身扎实的能力储备是必由之路。

譬如：台上泰然自若的著名主持人窦文涛，他分享了工作的经历。其实在初涉演讲舞台之时，他也曾有过尴尬一幕，紧张得险些尿裤子。但后来随着自己演讲技巧的精进和台上经验的不断丰富，那个曾经在台上"出糗"的男人，最终主宰了舞台。

好比在人生的丛林中冒险，一把空枪虚挂在腰间和一把子弹满膛的枪握在手里，这两种情况让我们的状态截然不同。或许有人会说，就算做好了充分准备，我们仍然还有些许紧张。别害怕，我们不是要完全清除它，而是正在一同探索它，不是吗？我们接着往下看看。

与"重大考试"类似的其他紧张场景，是那些承载着重大意义且容错率有限的人生场合。中考、高考、考研这些里程碑式的考试，对大部分考生而言，无论自己真实知识水平如何，全靠一次外部赋予的分值决定命运，无异于是人生岔路口的一次性投票。

每个个体在这些重大考试场合上的紧张程度不尽相同，以高考为例，有哪些考生会不那么紧张呢？答案是：那些做好了多途径准备的考生。比如成绩非常优异，达到保送条件的考生；因特长突出，有机会走艺体路线的考生；身体素质符合标准，备选为国防生的考生；或者虽成绩不佳，但已经选定某项技能，并打算以此就业谋生的考生；还有作好出国留学准备的考生。由此可见，我们人生中的这部分紧张，是由于在容错率低的重大事项里，自己的选择权过于单一。而那些虽也处于关键节点，但手握多项选择的个体，紧张程度下降。

　　中考、高考、考研带来的紧张只是人生众多紧张事项的一个缩影，但通过这个缩影，我们可以见微知著，探寻到其余大部分紧张的人生场景，并从中找到缓解的方法。

　　金融投资领域有一句俗语：不要把鸡蛋放到同一个篮子里。它是指不要将资源、希望或风险都集中在一个地方或一个选择上，应当分散风险，多元化地投资。当我们把所有的"希望"放在一个篮子里的时候，我们会提心吊胆、紧张兮兮地守护它，生怕它们碎掉。但如果把这些"希望"分别寄托在不同地方，即使碎掉一个，也能有备无患，紧张感自然也会消散。

　　经过这个章节对"紧张"情绪的体验，我们已经探索到要解决这类紧张的根本方法是解决自信心不足的问题。自信心不足又分为三类：1.实力不够；2.过度依赖外界评价；3.在低容错率的重大事项上，选择权单一。

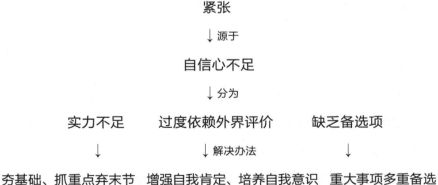

紧张

↓ 源于

自信心不足

↓ 分为

实力不足　　过度依赖外界评价　　缺乏备选项

↓　　　　　↓ 解决办法　　　↓

夯基础、抓重点弃末节　增强自我肯定、培养自我意识　重大事项多重备选

第八节　你不是紧张，你只是未找到心理优势

有时候，在人生的某些特定场景里，我们不得不处于缺乏心理优势的境地，这种情景让我们心生惶恐。特别是我们作为弱势的一方，与强势的一方对峙时，难免会紧张。因此，当我们被动地陷入一种劣势的角色时，尽可能地寻找到优势的心理位置是缓解情绪的关键。就像在看似被情绪潮水覆盖的窒息区域，总会有更高的地块，让我们得以喘息。

其实这种方法类似于前面章节所述：将陌生可怕的不可控场景转换为安全且熟悉的可控场景。但也有本质区别，这一次转化的对象不同。之前我们提到的将台下的"评审员"视为与自己能力相当的"新人"，或对专业知识一窍不通的"门外汉"，这是对外界对象进行转换。现在，我们对内尝试将自己的角色定位进行转换。

具体操作如下：假如我们在台上发言时容易紧张，我们进行演讲时，如何通过转变自己的角色缓解紧张感呢？一个简单的方法便是通过表述语言的微调，实现角色的转变。

通常我们会对听众说："我给大家讲一个观点。"现在尝试着表述为："我给大家分享一个观点。"动词由"讲"替换为"分享"二字，会在演讲者和听众之间产生微妙的心理转变。

相比之下，"我给大家讲一个观点"听起来更偏向于一种强势的思维灌输，似乎有说教的味道，仿佛要求听众必须接受演讲者的观点。倘若需要说服对方，我们首先就得努力证明我们的观点是正确的。这

样一来，就把听众放在了我们的对立面，我们不得不进入战斗的状态，一旦锁定战斗，警惕的系统自然会启动。此外，说服别人还需要寻找证据支撑，如此一场演讲下来，整个心理状态十分紧绷、疲惫，始终处于希望得到认可、向外界求索的状态。

但当说"我给大家分享一个观点"时，"分享"这个词让演讲变成一种温和的给予，而不是要完成的任务。当一件事不再是任务时，也就没有正确与否之分，我们不必进入紧张的战斗状态，原本想要努力得到认可的渴望就会转而带给我们一种满足感。

为什么这种方法能快速、有效地缓解紧张呢？这里有一个很重要的心理逻辑。通常我们在什么情况下会跟别人"分享"呢？当我们过得充裕的时候，才会有更多的资源分享给他人。所以，通过表述把自己放到"分享者"的角色的时候，我们的心态也变得富足，也就更有底气。

那么，我们通常又愿意将资源分享给谁呢？那一定是我们喜欢的、亲近的人。至少，我们不会心甘情愿把自己宝贵的资源分享给敌人。这样一来，演讲者和听众的心理距离也更近。

以上只是用演讲来举例阐述这种方法的使用，实际上这种方法适用广泛，可用于所有需要发言的场合。比如：公司晨会、跟客户交谈等等。再例如：有些资历尚浅的职场小白，在面对职场上披荆斩棘的前辈时，心里倍感紧张。这时，不妨转换心态，索性把"害怕犯错的新手角色"换成"我是职场年轻且不怕跌倒的可爱冒失鬼，我不与前辈攀比，乐于虚心请教，并且正在成长"。这样一来，我们再面对前辈时，就能缓解畏首畏尾、怕犯错的紧张感。虚心的心理，也会让对方更愿意体谅我们的错误。所以，当"紧张"这个小捣蛋来临时，我们不要试图对抗，也不要逃避，而是温柔地调整与它同行的方式。

　　每个个体的性格千差万别，以上是我基于自身经验探索出来的有效方式，希望能对困扰于"紧张"的人有所帮助。相信每个个体都有一款适合自己的心理优势，我们只需要放轻松，慢慢探索自我。

第九节　紧张的生理密码："热情"的肾上腺素

　　给自己设定了更高的目标，在通往目标的途中会倍感压力，容易导致紧张。一方面，过高的目标实现难度系数较大，不得不让大脑更加全神贯注而紧绷；另一方面，过高的目标往往由较强的内驱力促使。

脑科学冷知识

　　从生理角度来讲，内驱力越高的人，肾上腺素的分泌越旺盛。肾上腺素作为应激反应的关键激素，它的释放会导致我们的身体发生一系列的生理反应，如：心率加快、血压升高和呼吸急促等。这些生理反应使人体处于更加警觉和高度兴奋的状态，帮助我们应对紧急情况和挑战，而这就是"紧张"。

　　公安系统的朋友在讨论出警经验时提到过，在他们出警的过程中，如果看见正在进行矛盾协调的一方出现手握拳头、微微发抖等表现时，警方会不动声色地靠近那一方，并且进入高度戒备状态，其目的是防止其伤害另一方当事人。因为出现此类体征往往预示着个体已进入肾上腺素急剧飙升的阶段。由此可见，肾上腺素对我们情绪和躯体的调控至关重要。

肾上腺素分泌旺盛的个体，在面对相同程度的刺激时，其神经系统会表现得更为敏感与活跃，从而更容易陷入紧张的情绪。并不是说肾上腺素分泌旺盛的个体在刺激场合中都会紧张，而是肾上腺素分泌旺盛的人，面对同等刺激时更为敏感。同时肾上腺素触发的内驱力，更容易让个体陷入高风险的环境。这样一来，在内、外环境共同作用下，产生"紧张"情绪的概率增加。

肾上腺素分泌 —提高→ 内驱力→接受高挑战、高风险竞争→紧张

肾上腺素分泌 —呈现→ 躯体化反应→呼吸急促、心率加快，进入警觉、备战状态

这让我想起，我曾在面试场上遇到一位医学专业的姑娘，她为了缓解面试的紧张，会提前服用控制心率的药，让心率等生理反应减少，这或许能为在临时场景里被"紧张"情绪困扰的个体提供一个新思路。倘若一时半会儿难以改善个体的心理状态，通过管理躯体反应，也不失为一种应急的良策。

此外，还有一种更适合大众的操作方法，日常生活中，增强我们肌肉的锻炼，也能调整情绪。增加肌肉的过程，能够有效地释放内啡肽、血清素等"快乐激素"，也能在一定程度上平衡躯体的状态和感受。

••• 情绪之旅·体验·心得 •••

　　我们以往对"紧张"情绪的看法是：（1）不了解；（2）难以控制的束缚力量；（3）对其排斥。然而，了解了紧张产生的原理，知道了这些力量产生的过程后，在往后的人生里，这副枷锁再想束缚住我们便不再那么容易，毕竟枷锁的"密码"已经在我们的手里。

 ## 情绪收纳盒

　　本章将"紧张"视作枷锁，探寻了它神秘的束缚之力，并一同找到了打开不同类型枷锁的"钥匙"，它们分别是：

　　1. 将大脑误判的可怕场景，转换为安全、熟悉、可控的场景，缓解紧张情绪。

　　2. 重塑"生活、工作"两大板块的界限，让负责兴奋的"交感神经系统"和负责放松的"副交感神经系统"正常工作。

　　3. 在"紧张"的时尚潮流中，找到适合自己的定位。

　　4. 构建自我评价体系，不过度依赖外界评价。

　　5. 在重大且容错率低的人生选择中，做好多个备选方案。

　　6. 通过心理角色的转换，寻找心理优势。

　　7. 调节躯体症状，从而缓解紧张的感受。

第 七 章

情绪的接纳与共处

　　我们在彼此的陪伴下，携手共赴了一场又一场心灵深处的情绪之旅，体验了一帧又一帧穿梭于生命中的"情绪风景"。无论是命运馈赠的"山光水色"，或是需要我们勇敢穿越的"疾风骤雨"，都是我们人生旅途中独一无二的风景。

　　我不知道在"抑郁、焦虑、自责、痛苦、紧张、不甘心"这六趟情绪之旅中，哪一趟的情绪感受更让你揪心？哪一趟的体验又博得了你的欢喜？只希望通过这些旅途，每一个"我"都能从中洞察到真正的自己，以及找寻到如春日暖阳般舒适的方式，与自己达成和解。

　　其实，旅途的意义从来都不只是到达目的地，还在沿途的每一处风景中。就像这本书，并不是简单地给出人生的标准答案，而是希望此书的分享能化作一条小径，引领大家穿越情绪的密林，看见自己纷繁复杂内心世界的七情六欲，探索那些如暗河般深藏于心底、未曾触及的创伤与情愫。还记得本书开篇所述吗？萦绕在你心里的无解问题，这本书都能给你答案。诚然，如果只是囫囵吞枣地浅读这本书，浮光掠影地浏览情绪风景，似乎什么确切的谜底都没有揭晓。但我们如果带着"寻根自我"的念头走进这本书，会发现它无处不在诉说着专属于你的人生密码。

第一节　接纳的艺术：邀请情绪来访

在前面的六趟旅途中，我们分享和探索了很多和情绪共处的方法，也许有人从中找到了慰藉，调整了与自己相处的方式；或许有人还在情绪的迷途里摸索着寻找出口。没关系，这最后一程的旅途将告诉你关于情绪问题的最终答案。

我们都是形态各异的不规则多边形，带着尖锐的棱角滚动着前进。我们终其一生都在挣扎着，与硌痛自己棱角的不适情绪对抗。我们仿佛被束缚在情绪黑夜的一袭袍子里，试图以棱角为刃，撕破一望无际的黑，却发现越奋力挣扎，被束缚得越紧。

为什么会这样呢？接下来我想邀请大家一同玩个小游戏，通过游戏或许能找到情绪越对抗越束缚得紧的答案。需要特别说明的是，这是一个需要严格遵循游戏规则的游戏，必须按照以下要求认真执行。

情绪小游戏：从现在开始，我们必须做到脑子里不要想任何关于"三角形"的信息！直至游戏结束，都不可以想"三角形"！包括不能想到三角形的形态、三角形的边长，还有它的角；无论是钝角三角形、锐角三角形，还是直角三角形，都控制住，不要去想它！这个游戏的核心就是严格遵循"不要去思考"的要求。

好了，现在我们来看看结果怎么样？在阅读刚才这段话时，我们的脑子里就已经浮现了三角形。规则越是让我们克制住不去想"三角形"，我们的脑子里反而越是充斥着与之相关的信息。

这就是为何我们越是挣扎，情绪将我们缚得越紧。心理学中广为人知的"白熊实验"（White Bear Experiment）就揭示了人们越是压抑自己，不想某些特定念头时，这些念头会变得更加活跃和难以抑制出现的现象。

再比如，现在让我们清空大脑，并确保在十分钟内不要让大脑里出现任何一丝思绪。我们根本就做不到，我们越是竭力让大脑保持"真空"状态，好像越是有很多思绪在脑子里乱撞。什么时候这些纷乱的思绪才会停止呢？就是我们允许它们来到大脑里的时刻。

情绪问题的处理亦是如此，越是压抑，情绪的洪流越是泛滥。这就是负面情绪如海浪澎湃难平的秘密 —— 过往我们所采用的方式是对抗消极情绪，以确保我们处于积极的状态。如果我们允许这些情绪进入我们的身体里，它们反而不会在胸腔里横冲直撞。

我们总是提及"情绪的力量"或者"坏情绪的破坏力"，那情绪的力量究竟有多大？我想再邀请大家通过另一个游戏场景，一同感受情绪的"洪荒之力"。这个游戏需要邀请一位朋友参与，现在伸出你的手，让你的手掌心和朋友的手掌心相对。在朋友和你的手心之间铺上一张纸巾，此时，你们的手心隔着纸巾相触。现在谁能把纸巾推脱于手掌，谁就是这场游戏的胜利者。

情绪小游戏：3、2、1……游戏开始！你们彼此用力，都努力着把纸巾推向对方。最后的结果是什么呢？一番对峙后，纸巾还在你们的手掌之间。然而这场游戏中，只要有一方松开手，纸巾其实就能落下。这就是我们和情绪之间的博弈，我们越是用力，越是感受到情绪的反作用力。情绪的力量能有多强烈，取决于我们与它较量的力量有多强烈。情绪所谓的破坏力，正是我们自己。

所以，在旅途的最后一站，本书既不分享如何斗志昂扬地与负面情绪战斗，也不分享如何打磨棱角，削足适履地在情绪面前妥协。在终结的旅程里，我想分享介于对抗与屈服之间的第三条路径：接纳。就像坦然接纳夜原本就是黑色的，白天就是明亮的。我们与其同夜色抗衡，力求永恒沐浴于日光之下，不如顺应自然，去听听夜的摇篮曲，在如黑丝绒一样的夜里，寻找到那些像碎钻一样的繁星。只有接纳了星罗棋布的夜空，才有力量拉开黎明的幕布！

没错，本次旅程鼓励个体仍然站在情绪的黑夜里，但这一次我们没有冲撞或咆哮，而是以一种安静的、充满力量的姿态矗立在这里，见证日夜的更迭、情绪光影的交替。我们接纳它们，并与之共存。

第二节　负面情绪的诉状：它们真的是负面的吗？

我们为什么会把有些东西形容为"积极"，却把另一些东西形容为"消极"？这真是一个饶有趣味的问题。人们通常以自身利益为标准，将对自身有利的东西划为积极类，而把对自身不利的东西归为消极类。这不禁让我想起小时候分巧克力豆的场景，透明的塑料盒子里有坚果巧克力、葡萄干巧克力和牛奶巧克力。我依据个人喜好把那些符合我口味的放一边，不符合喜好的移置到另一边。然后满心欢喜地享用喜欢的那一份，而另一份被冷落的巧克力，如果有人愿意交换掉它们，我十分乐意。

当然分巧克力豆是一件非常简单的事情，生活中的"巧克力豆"可就错综复杂了。问题恰好就出在这"错综复杂"里，当我们将自身的喜好作为最大的判断标准时，这样的划分就带有非常强的主观性、易变性。比如，小时候我很喜欢牛奶巧克力豆，现在我却喜欢坚果巧克力豆，因为更健康。这一偏好的变化是随着时间和观念的变动而产生的。

再看那些被我们定义为负面的东西，实际上它们的本质并不具有正、负面之别，只是我们主观地认为它们是不好的，觉得很有必要摒弃，就一直以负面的方式对待它们。当我们感觉到自责、焦虑、抑郁、痛苦、紧张时，周围的人连同我们自己都会说："这种状态真糟糕。"

自小，我们接受的教育一贯是：克服紧张、战胜恐惧、远离痛苦……很遗憾，这种教育塑造了我们对这些情绪的认知方式。这种方式让我们在不舒服的情绪出现时，会不自觉地将它们和惩罚联系起来，对不舒适情绪的认知逻辑就在这个基础上被构建起来。如果将有些情绪视作一种惩罚，以下是我们对"不舒适"情绪的判断逻辑：

问题：生活中，通常什么样的人会接受惩罚呢？

答案：犯错的人。

问题：犯错的人应该怎么做呢？

答案：知错就得改正。

改正的本质就是"去掉"错误，对抗它。我们和情绪的对抗就这样产生了，而这恰恰是诱发我们烦恼的祸根。让我们再回顾一开始的问题，负面的情绪真的天然就是负面的吗？还是我们接受的教育把它定义为负面？如果你心里已经有了和以往不同的答案，那恭喜你，你重新认识了这些"老朋友们"。下面，让我们和这些"焕发新生"的"旧识"，开启重逢后的第一场对话吧！

我们：嘿，亲爱的负面情绪，好久不见。今天，我选择坐下来，不带评判地与你对话。我意识到，长久以来，我们可能一直以一种对抗的方式相处，但今天，我想尝试一种新的方式——理解和接纳。

负面情绪：你来了。我知道，我总是让你不舒服，让你想要逃避。

我们：是的，我承认，过去我常常试图推开你，认为你是不好的、应该被消灭的。但现在，我开始明白，你的存在，其实是我内心世界的一部分，是我在面对挑战、失落或不安时的自然反应。

负面情绪：是的，我只是在告诉你，有些东西需要被注意、被处理。我不是来伤害你的，而是来帮助你成长的。

我们：谢谢你，让我意识到这一点。那么，现在，我想听听你的声音，了解你背后的故事。是什么让你如此强烈地出现？是有什么未解的心结，还是我需要面对的现实？

负面情绪：或许，是我感受到了你对未来的不确定，对失败的恐惧，或者是对某段关系的失落。这些都是你内心真实的感受，而我，只是它们的载体。

我们：原来如此，我接收到了你善意的提醒，我会照顾好自己。从今天起，我不再将视你为敌人，而是视为成长路上的伙伴。

第三节　谁才是情绪问题的罪魁祸首？

通过上一节和负面情绪的对话，我们了解到真正使我们困扰的并不是负面情绪本身。那么谁才是制造困扰的罪魁祸首呢？答案是我们和紧张、焦虑、恐惧等负面情绪之间建立起来的消极联结。长久以来，我们一直都把矛头指向情绪本身，而忽视了个体与它们之间的联系。传统的价值观一直在鼓励我们"无畏地迎接负面情绪的挑战""不能被坏情绪打倒"……诸如此类的"鸡汤"像一支支利箭，直刺情绪的中心。

因此，有没有一种可能：从一开始，我们解决问题的方向就错了。甚至，我们正在给自己制造一些看上去是问题的"伪问题"。

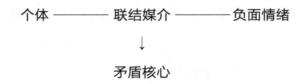

个体 —————— 联结媒介 —————— 负面情绪
↓
矛盾核心

以前：矛盾点 → 负面情绪
现在：矛盾点 → 个体与负面情绪的联结

我们在之前的探讨中已经洞察了一个事实，这些所谓负面情绪是刻在物种 DNA 里的，是我们与生俱来的一部分。然而，那些所谓的"鸡汤"口号，正教唆着我们对抗我们自己，甚至把这些负面情绪的状态病理化，将其作为一种病症来对待。于是，事情开始变得越来越糟糕，我们给自己贴上了"生病"的标签。

还有更糟糕的情况正在发生，如果我们要对抗、治疗这些"负面情绪"，我们的关注点就会停留在"负面情绪"上。假如我们得到了一个改善情绪的良方并加以尝试，会看看负面情绪是否有所减轻。整个过程中，我们的目光都未离开过负面情绪。

譬如：最近遭遇失恋打击的 K，整个人陷于情感痛苦中。有朋友建议 K 结识新朋友，以期新的约会能逐渐驱散旧日情伤的阴霾。K 尝试了这一建议，他随后的反馈却不尽如人意："我明明已经努力去结识新人了，但内心的痛苦却丝毫未减。"朋友再次宽慰他："随着时间流逝，失恋的痛苦就会淡化下去。"结果过了两周的 K 仍旧苦叹："过了这么些时日，我怎么还是很难受。"

这就是问题焦点错置的现象。K 始终把注意力集中在"失恋痛苦"这个问题本身，并没有关注新的伴侣目标，也没有关注自己该怎样和单身时光相处的问题。他只是把朋友建议的方法作为一种外在手段，给自己的痛苦换了一身"马甲"。他的关注点本质上仍然没有发生任何变化。这就意味着个体和"问题"之间的联结也没有变化。所以，正确的做法是把关注点放在和这个问题的"联结"上，建立一种新的、正向的联结。比如：失恋的 K，应该专注于当下的独处时光，而不是频频考量自己的伤心程度是否有所下降。

之所以到第七程的旅途才揭开这些谜底，是因为如果一开始就这么分享，你未必能接纳这种观点。毕竟你得承认你一直在误解一些"老朋友"，你也得承认你一直以来在努力地"南辕北辙"。

第四节　情绪不能被管理，情绪只能被表达

一个真正成熟的人是不是没有不舒适的情绪？当然不是。

成熟的人是否就能妥善地管理自我情绪？当然也不是。

如何做才是对待情绪的正确方式呢？

真正成熟的人不是没有不舒适的情绪，而是能妥善地表达它们，不被不舒适的情绪所控制。值得一提的是，这里强调的是妥善地"表达"情绪，而不是"管理"情绪。过去，我们一直认为"管理"好自己的情绪就是成熟的表现，由此衍生出一系列的情绪管理方法。

脑科学冷知识

事实的真相是，情绪不能被管理，只能被表达。

是的，没有任何人可以真正做到管理情绪。或许有人会说，在某些场合，我们确实克制住了情绪。比如：一位一心想冲业绩的销售员，面对喋喋不休的顾客，仍然能保持职业风范，耐心礼貌地解答。再比如：职场会议中，面对演讲冗长的领导，我们明明十分厌烦，却还是要假装点头回应并认真做好会议记录。这些场合中，我们明明理智地展现了合适的状态，没有让情绪肆意宣泄，这难道不是克制、管理情绪吗？

不！此刻的我们仍然在表达情绪，只是正在对内地向个体表达。

情绪的表达途径有两种：一是情绪向外表达；二是情绪向内表达。情绪向外表达的情景有，我们面对按捺不住的怒火，对他人破口大骂，言语间充斥着尖锐与不满；我们摔打东西来宣泄情绪等。情绪向内表达的场景有，比如前面提到的，我们对上司心生不满时，仍然表现得十分谦逊，但会感觉胸口憋闷，像什么东西受阻的感觉，又或者会感觉有热流直冲脑门，会感受到一种难以言喻的焦躁与不安。这便是情绪在无法向外宣泄时，转而向内侵袭，以身体反应的形式进行释放。所以，销售员面对顾客吹毛求疵的要求，厌烦的情绪虽然没有对外指向客户，但正在对内攻击自我。会议场上，烦躁的我们，虽然控制住情绪扮演着"好员工"，却被情绪对内搞得如坐针毡。

因此，一个成熟的个体：

1. 不是没有负面情绪。

2. 能对情绪进行合理表达，而不是管理控制。人生的舵掌握在每个人自己手中，而情绪正是船帆，成熟的人有能力调整好方向，扬帆起航，在浩瀚的生命之旅中划出属于自己的漂亮航线！

下面分享一些正确对待不适情绪的方式：

1. 承认它、看见它，既不忽视也不逃避。

敢于承认自己的脆弱，敢于看见自己人格另一面的个体，才是真正强大的个体。你是否有过这样的体验：在一个重要的场合，内心特别紧张，但出于某种原因，必须表现得沉稳、自信。我们只好铆足了劲地展示松弛感，生怕露出了破绽。这段时间里，我们得自始至终地藏着掖着。那种感觉像是穿着一套不合身的礼服，憋着气，收着腹，不敢有太大的肢体动作。但如果我们坦诚地说出："不好意思，我十分重视这个场合，因为这一刻对我很重要，所以我感到很紧张。"这样一来反而会卸下包袱，给情绪换上真正适合它的服饰，我们反而能更得体、更放松地完成任务。

2. 接纳它。

觉察到不舒适情绪后，下一步是"接纳"这种感受。比如，感到焦虑时，过往我们被鼓励的处理方式是转移注意力，或者采取某种方式消除焦虑。现在我们可以尝试坐下或者躺着，去感知焦虑带来的身体感受。我们可能会感觉到有一块石头压在胸口，又或者感觉到它的形状如同手掌般大小，正在向我们的胸腔施压。有些个体会感觉到头皮、颈椎发麻，像是有股热流涌上头顶，等等。每个人对情绪的感受是不一样的。我们只需要安静地接纳它、体验它。这样平静而温和地观察不适情绪的场景，就像是站在礁石上，看见惊涛骇浪拍击着海岸，千层浪花被狂风掀起再狠狠地摔碎在礁石上，而我们只是安稳且平和地看着它们。

在很长一段时间里，我都在探索如何合理地看待不适情绪对个体张牙舞爪的侵袭，又如何更精准地形容这种接纳不适情绪的感受。直到有一天，前往福州旅游时，我站在海岸看见海浪翻涌，那一刻内心出奇地宁静，才探寻到那种接纳的力量：这时候任何惊涛骇浪，在我们眼前都是一场场演绎，而我们只是一个客观的观察者。正所谓"不识庐山真面目，只缘身在此山中"，当我们从一个局中人转为局外人时，便不再执着于破局，而是观摩此局。

3. 觉察情绪背后真实的需求。

接纳情绪后，还有更重要的环节需要智慧的我们去完成：看见产生这些情绪背后的真实原因，这样才能不枉费情绪带给你的体验。

学会与情绪对话是一生的课题。遗憾的是，我们一直在接受各种应试知识的灌输，成长中的学习都只为应付各种考试。成年后进入社会，学习的内容要么是某项赚钱技能，要么就是如何更游刃有余地处理和他人的关系。但没有一门课程告诉我们，除了他人以外，我们如何同自己相处。人生的体验是如此繁杂，我们常常关注学历、金钱、社会地位这些修饰人生的附属品，却忘记关注生命本身，致使附属品反客为主地侵占了个体本来的位置。

比如：在生活中，我们评价一个人情商高低，常常是以他们是否圆滑为标准。我们把一些拍马屁的人、擅长讲客套话的人、社交场合能侃侃而谈快速与他人拉近关系的人，定义为高情商的人。事实上，除了善于和他人相处以外，能和自己好好共处的人也是高情商的表现。想要让他人和自己相处能有如沐春风感觉的前提是，自己就得是充满能量和生机的那个"春天"，只有当自己先拥有了足够的能量和正念，才能有能量"温暖"别人。

所以先学会满足自己的需求，停止内耗，将自己真实的需要暴露出来放在第一顺位，或许才能有力量更好地抚慰他人。但找到自己的真实需求，谈何容易，我们最深层次的需求总是被掩盖在各种情感之下。比如，我们的伴侣时常应酬，我们被委屈的情绪所操控，于是对伴侣大发脾气，抱怨说："你总是应酬，你就不能减少应酬吗？"这样一来，伴侣不但感觉我们不支持他的工作，还会感到憋屈。接下来，对方心不甘情不愿地减少了应酬，开始宅在家里打游戏或者赌气不愿和你交流，自顾自地看电视。我们的怒气值进一步增加，于是家庭爆发了一场争吵。这就是没有觉察出情绪背后真正的需求，我们的真正需求是希望伴侣增加和我们互动的时间长度以及互动的深度，而不是针对应酬本身。倘若不彻底觉察自己的需求，那可能换来的是应酬减少，但互动的问题依然以另外一种形式存在于亲密关系中。感知情绪背后最真实的诉求，才不会被情绪所控制。

4. 合理表达情绪。

为什么当我们觉察到真实感受后，需要把情绪表达出来？

脑科学冷知识

　　那些让我们痛苦的情绪，它们被存放在大脑深层的杏仁核中。所以我们常常用难以言喻、苦不堪言来形容这些有苦说不出的感受。倘若不处理这些痛苦的情绪，它们会一直埋藏在大脑深处，无法释放。只有当我们表达痛苦时，大脑的前额叶皮层才会被激活，深层的痛苦转移了出来，而这些被激活的区域能够调节杏仁核的活动，从而减轻痛苦的感觉。

　　另外通过语言、书写表达情绪的过程，也是将整个事件重塑的过程。为了表达，我们的大脑会对整个事件进行梳理思考，从而将模糊的情绪状态转换为更具体的情绪，帮助我们更清晰地看清前因后果，有效地缩短痛苦的时长。

　　从躯体的角度而言，不舒适的情绪在我们的体内横冲直撞，表达可以将它释放出来，否则它就只能被囚禁在体内，从而引发一系列的身体不适，比如胸闷气短、不明缘由的疼痛等。

5. 总结情绪的规律。

我个人有记录生活的习惯，这也是和情绪相处的有效方式。每次负面情绪到来时，记录下它给躯体和情感带来的变化。比如，我们可以记录下每次面临重要场合的紧张感：刚开始是手脚冒汗，接着是眼冒金星。当我们对这些感受的顺序了如指掌时，就能预判到下一次它如何冲撞我们，我们就更有掌控感，可以摆脱它们的控制，进而成了它们的主人。越是熟悉自己对情绪反应的规律，越是能先发制"情绪"。这需要我们多次记录、归纳，毕竟每个人的躯体反应各异，完全地依葫芦画瓢，照搬他人经验未必适合自己。

再比如被抑郁困扰的人，记录下抑郁出现的规律，可能起始于社交减少、少言寡语，渐渐到与外界隔离等等。这样一来，即使抑郁想再次冲击个体，也算得上是熟门熟路的老朋友了，我们可以有准备地和它见面。比如：预知它可能使我们难以集中精力、行动力减退，我们可以在最初感受到不舒适时，就分门别类地记录工作事项，防止自己可能因为行动力减退而遗漏重大的事项，尽可能地减少它对工作、生活的影响。

6. 不羞于对外求助，也不依赖对外求助。

在情绪面前企图武装起来的强大都是"纸老虎"，而坦然直视弱点才是真正的强大。在尝试和情绪相处的过程中，若有无法释怀的情结，要勇敢地和专业人士取得联系。借助专业的视角，我们可以看到和情绪相处方式的多样性。

7. 保持开放心态。

当我们被情绪困扰时，闭门造车，自我摸索容易陷入偏执。而开放性的心态对已经深陷情绪泥沼的个体，能提供更多的出口。当然，我们需要识别出那些有效的帮助，而不是盲目、无效地尝试。比如，甄别出那些能真诚给予我们帮助的人，而不是拉着彼此今朝有酒今朝醉的朋友。再比如，筛选出那些有能力给予你帮助的人，而不是同样处于糟糕状态的人，那只会是两个同病相怜的人抱头痛哭，上演一出"怨天尤人"的苦情戏。

当通过他人的帮助实现了新的、积极的成长后，成熟的个体不会依赖帮助，而是借助帮助塑造出新的、更全面的人格。

8. "己所不欲勿施于人"和"不以己度人"。

这两点是完全不同的角度，前者是以自己的角度看待事物，如果自己不愿意接受的地方，不要施加到别人身上；后者是不要以自己的角度衡量别人对同一事物的看法。当个体人格真正羽翼丰满时，他能灵活切换这两个视角。比如践行"己所不欲勿施于人"，我们不喜欢他人简单粗暴地对我们发泄情绪，那我们也不会简单粗暴地将情绪发泄到他人身上。秉持"不以己度人"，则能看到性格的多样性，明白不同的人拥有不同的认知体系和思考方式。

早年的我们会被情绪困扰的部分原因是视野的狭隘，我们会以自己的需求和欲望为出发点，希望别人给予满足，如果别人无法满足我们，我们会认为他们是错误的，是伤害我们的。比如，幼时的我们会因为想要一个心仪的玩具没被满足，在商场门口打滚；也会因为和其他小朋友在游戏中想法不一致翻脸。但随着人格的完善，我们渐渐意识到，原来除了我们自己的认知和性格外，还存在着另一些迥然不同的性格。这时候，我们不再非黑即白地判断是非，也不再期待别人做出和我们认知里一样的行为。当我们再和别人发生冲突时，我们会说："在这件事上我……看待的，对方……看待的，我做了……不妥之处，对方又做了……不妥之处。"而不再是过往那种单方视角的判断："是他伤害了我，他怎么能……这么考虑问题，他怎么能……做。"

9. 认识到情绪不完全等同于个体本身。

虽然情绪发源于我们自己，是自我的一部分，但它并不完全等同于我们的全部。在过往的认知中，当我们很沮丧和愤怒时，我们会说："真是气死我了！""我可真是沮丧。"当我们意识到情绪不等同于我们的全部时，我们的想法会发生趣味性的变化。当再次遇到这些情绪时，我们会说："我现在有一种沮丧的感受。"

依此类推，"我很烦躁"变成"我有一种烦躁的感觉"，"我很痛苦"变成"我现在有一种痛苦的感受"。

是的，情绪很重要，它的存在对我们有重要的意义，但我们并不完全是情绪这只野兽的"猎物"。

　　至此，我们的旅途已经到达终点，或许在旅途的尾声里，你仍有顾虑。虽然从第一站到第七站我们共同经历了各色的体验，但旅途结束后，我们还是会重归自己的人生轨迹，就像追完一部跌宕起伏的电视剧，观众还是得回到现实生活；看完一本开阔眼界的小说，读者还是得埋头扎进自己的一亩三分地。那我们经历这七段旅程的意义是什么呢？

　　踏上情绪旅程前，我们以桀骜不驯的形态出发，旅程中滚过比我们棱角更锋利的石子路，蹚过涓涓小溪，越过繁花草地；虽然此刻我们仍是那个有棱有角的多边形，但我们的每个棱角都沾染了泥土的芬芳、汲取了溪水的柔情、包裹了石子的力量。所以，旅途只是在形式上结束了，但它们内化在"我"的每一份力量里，这些体验形成了"我"人格的一部分，它们以这样的形式一直陪伴我们接下来的人生之路……

　　我最初的心路历程和你一样，原本希望通过这本书能够撕掉情绪的外衣，企图让情绪赤裸裸地暴露在生命面前，看清它本来的面目，并处理掉这些烦人的情绪。结果，到头来却发现它们竟然密密麻麻地扎根在我们生命的每一寸里，它们其实就是生命本身的一部分。所以，我们不必执着于清理这些负面情绪，我们需要的是敞开生命的胸怀去容纳它们。另外，这里强调的并不是"接受"这些负面情绪，而是"接纳"。我们并不是由它们敲上了门，不得不无奈地耸耸肩，让它们闯进来，被动地接受生命这袭华丽绸缎上的"跳蚤"；而是主动敞开了大门，以一种主人翁的意识，去接纳这些生命绸缎上的所有纹路起伏，并一视同仁地将它们作为绽开在生命绸缎上的芬芳花朵。只有真正接纳了这些情绪，我们才能真正地接纳完整的自己，看见、拥抱那个真实的自己。

真正的疗愈不是消除问题、对抗问题，而是同问题和解。真正的疗愈也未必是要改变自己的性格，而是能与自己和解，毕竟"江山易改，本性难移"，成年人性格一旦固定很难彻底改变，但了解自己性格形成的根源，接纳自己，与自己握手言和，不再为难自己，这就是疗愈。希望每一个"我"结束本次旅程后，不再执着于如何成为更好的自己，而是更好地成为那个最真实的自己！

后记
人、从、众

　　纷繁复杂的世界，由每个人作为最基本的元素构建而成，我们从四面八方汇聚而来，一些大众心理特质将我们联结在一起。我们渴望被群体理解，渴望拥有归属感，但在大众共性特质的背后，每个人的心灵深处却又藏着独一无二的风景。有的人，在心底筑着芬芳的后花园，四季如春；有的人心底则是断雪残桥，寒冷而孤寂。我，曾是个在心灵阴霾中徘徊、挣扎的旅人，我的故事是一段在"重度抑郁症、重度焦虑症、强迫症"的混沌中摸索，最终找到真实自我的历程。或许有人会说这是一段关于重生与蜕变的旅程，但我认为这谈不上"蜕变"与"重生"，我只是一个挣扎过的灵魂，一个对心灵世界、精神世界进行"微小"观察的人，谦逊、接纳且感恩。

黎明前的黑夜？不！只有黑夜

回想起那段陷入情绪深渊的日子，如同一团凌乱、怪异的梦魇。这场梦魇里裹挟着三层沉重的痛苦。我想，这三层痛苦，正是和"曾经的我"一样的群体们，目前正饱受的煎熬。

第一层痛苦：不适情绪本身给个体带来的煎熬。情绪问题带来的强烈躯体症状，让那段时间的我非常不喜欢自己。不只是不喜欢肉体皮囊，还有我肉体里四处乱窜的灵魂。

第二层痛苦：周围人的误解。周围的人或是不解，或是轻视，他们认为所谓心理"生病"就得有"生病的样子"，比如：他们"期待"我的"症状"应该是淌着眼泪和鼻涕，衣冠不整，歇斯底里咆哮，这才配称为"生病"。只有这样的外化"病症"才合乎他们对"生病"二字的想象。否则，就是在伪装、躲避，不想承担生活、学习与工作的责任。在部分周围人眼中，我成了一个不忠诚于自我情感的演员。度过那段时间后，我常常替陷入情绪泥潭的群体思考，难道"疾病"必须披上特定的外衣，才能被正视？"很抱歉！"我们没有以世俗"期待"的状态生病。

那时的我，甚至只是呈现出一种周围人认为应该被指正的消极状态："行为懒散""情感冷漠"。这十分不符合他们认知里的"生病"框架。与此同时，他们还要同我讲一堆大道理，以此来"表达"对我的"关爱"。他们会说，比你惨的人、事多了去，你咋想不开。他们亦会说，你得坚强，学学"钢铁是怎样炼成的"。这让我觉得，我本就破碎的肉体粘着残余的灵魂，被周围的人审判……

　　似乎我们这群被情绪困扰的人，不但应该以大众期待的样子"生病"，我们还得以大家期待的样子接受"治疗"与"教导"。

　　第三层痛苦则是"疾病羞耻"。部分缺乏相关知识的人，会以异样的眼光看待我。在接受治疗的过程中，有很长一段时间，我如同背负着难以启齿的秘密，不敢告诉别人我去了什么医院，挂了什么诊室的号，更不敢告诉别人我系统地接受过哪些治疗。就医过程中，我看见太多同样需要帮助的人，在寻求治愈的路上，为了避免留下"精神障碍"记录（心境障碍在医疗保险记录中为精神障碍），甚至宁愿全额自掏腰包，也拒绝享受本应享有的医保报销。我们的痛苦，是如此不堪，以至于连最微小的求助之声，都羞于发出。

　　那种感觉，像是我们长着一个巨大、恶臭的脓疮，还是长在见不得人的"私处"，我们必须隐藏起来，不然我们七零八落、悬而未决的灵魂，会"羞耻"地裸露在众人的目光中，空荡荡地摇晃着，难以在羞耻与接纳之间，找到平衡点。

　　我深刻地理解这部分群体的痛苦与挣扎，那段日子让我意识到，在这个世界上的某个角落里，有和曾经的我一样的群体，在无声的黑暗中默默承受。是的，世界在照旧，从未改变，但世界好似看不见，也读不懂我们。我们被"喜、怒、哀、乐"等合理的情绪所遗弃，成了情感的孤儿。孤独、无助、恐惧如影随形，我们被困住了，漂泊在无人问津的荒野。

　　更糟糕的是，与此同时我患上了阅读障碍症，这让我的每次写作和阅读，艰难得像翻越一座座"石子垒成的山"，不是那种泥土松软的山丘，而是由硬而碎的石子堆砌而成的峻岭。对于热爱文字的我来讲，在字符间迷失，真是世界上最糟糕的事！

"破茧"未必蜕变成蝶，但一定会更轻盈

我知道，人们总是偏爱跌宕起伏的反差剧情，对那种在人生低谷中攀爬，最终傲然挺立的传奇故事有无尽向往。人们渴望某一刻突然出现转机，然后抓住了"救命稻草"，或者出现了"盖世英雄"，以无畏之姿，让接下来的整个人生，如同打通了任督二脉一样"一路开挂、扶摇直上"，好像这样才配得上所谓振奋人心的 —— "自强不息"剧本。

我无法以一种打了"鸡血"的激昂姿态，向那些与曾经的我有相似困境的灵魂宣告：请放心，这些挣脱茧的痛苦，不过是化蝶的必经之路；我们被"劳其筋骨"后，终将成就一番非凡。因为，真相并非如此，事实上，没有任何灵光乍现、醍醐灌顶的瞬间。从个体开始有意识地主动寻求帮助，踏上心理疗愈之路，这个过程缓慢且反复。真相是，通过情绪风暴的个体所瞥见的并不是光芒万丈的太阳，或者惊世骇俗的风景。有时，穿过风暴的中心，等待我们的或许只是一片宁静的湖泊，又或许是一片辽阔无垠的大地。这些风景，虽不绚丽，却平和宁静。

在此，我可能会打破美好的幻想，没办法说出"历经磨难后必定会飞黄腾达"的豪言壮语，但我可以温柔地分享给需要帮助的个体，如何与自己的情绪共处，如何理解并接纳那个不完美的自己。这些方法会让我们的人生变得更加纯粹、轻松。比如：尝试有意识地启动

"理性"系统进行思考，驱散"直觉系统"带来的恐惧阴霾；知道我们不舒适的情绪来源于哪里，与它们建立新的联结，抵达内心的平静彼岸；倾听情绪的语言，并合理表达情绪，而不仅仅是消除、管理情绪；自我接纳，用爱与慈悲拥抱自我。

在我独自探索的这个过程中，我不仅康复了，更重要的是，我找到了自己热爱的事业——成为一名心理咨询师、家庭教育指导师以及家庭婚姻咨询师。有时候所谓的"负面情绪"可能是调整人生方向的罗盘。一个看似微小的自我改变，可能成为生命旅途的"蝴蝶"。

人、从、众——以心传心

一人一心，双人成林，

众志成海，共鸣之旅。

为了更深入地理解人性的复杂与多样，我攻读了应用心理学硕士学位，不断充实自己的专业知识与实践能力。我参与了多个心理干预项目，从儿童到老人，从个体到家庭。我发现，面对情绪问题时的无助与迷茫，每个人既有相同之处，又各具差异。真正的治愈，往往源自人与人之间深刻的理解与共鸣。

我撰写这本书，希望通过个人经历、感悟以及所学的专业知识，以一种易于理解且充满温度的方式将心理自助的知识呈现给大家。这本书亦是一场心灵的邀约，我们并肩而立，排成心灵沙尘暴的防护"从"林，最终，汇聚成"众"，一同为那些在情绪风暴中踉跄前行的人们提供一丝庇护，他们有权利寻求帮助，也有能力走出困境。

最后，本书旨在提供一套系统的自我疗愈指南。让我们从一个个独立的"人"，汇聚成一股不可小觑的力量——"从"，这个字，不仅是数量的累积，更是心与心紧密相连的象征。最终，这股力量汇聚成浩瀚的"众"，一个包容、理解、互助的共同体。

我想对每一位阅读这本书的"你"说：无论你正在经历什么，你并不孤单。你不必拼命达到别人口中的"勇敢"，不必以一种被定义的姿态，去挑战情绪障碍，你只需要"坦然"地面对自己的情绪。不是过度地追求"雨后的晴空，总是格外蔚蓝"，而是，即使身在雨中，我们也能安静且有力地找寻到一抹蓝。愿这本书能成为你心灵之旅中的伙伴，心灵的彼岸，你我同在！

仇爱玲

2025 年 1 月